舌尖上的八大菜系

牛国平　牛翔◎编著

化学工业出版社
·北京·

内容简介

中国菜肴，以川、鲁、湘、粤、苏、浙、徽、闽八大菜系为代表享誉中外。

本书共收录了八大菜系中的200余道经典菜肴，详细介绍了每个菜系的特点和各自的代表菜品，并附有特色菜的菜肴故事，增添了文化色彩。书中的每道经典菜肴均由特色、原料、制法三部分内容组成，图片精美、设计时尚、步骤详细、易懂易学。

了解一道菜幕后的故事和做法，不仅能对这道菜有更多的理解，还能增加自己的谈资，在朋友聚会时成为主角。本书正好满足了读者这方面的需求，在教会大家如何制作菜肴的同时，还能为大家普及各个菜系和菜品的特色及故事，让更多的美食文化在舌尖上跳动。

图书在版编目（CIP）数据

舌尖上的八大菜系 / 牛国平，牛翔编著. — 北京 ：化学工业出版社， 2020.9（2025.1重印）
ISBN 978-7-122-37059-4

Ⅰ. ①舌… Ⅱ. ①牛… ②牛… Ⅲ.菜系-介绍-中国 Ⅳ. ①TS972.182

中国版本图书馆CIP数据核字（2020）第085933号

责任编辑：马冰初　　文字编辑：王　雪
责任校对：杜杏然　　摄　　影：双福 SF文化·出品 www.shuangfu.cn

出版发行：化学工业出版社（北京市东城区青年湖南街13号　邮政编码 100011）
印　　装：北京宝隆世纪印刷有限公司
787mm × 1092mm　1/16　印张19½　字数400千字　2025年1月北京第1版第7次印刷

购书咨询：010-64518888　　售后服务：010-64518899
网　　址：http://www.cip.com.cn
凡购买本书，如有缺损质量问题，本社销售中心负责调换。

定　　价：98.00元

目录

第一篇 舌尖上的八大菜系之经典川菜

第二篇 舌尖上的八大菜系之经典鲁菜

第三篇 舌尖上的八大菜系之经典浙菜

第五篇 舌尖上的八大菜系之经典苏菜

第六篇 舌尖上的八大菜系之经典粤菜

第七篇 舌尖上的八大菜系之经典徽菜

第八篇 舌尖上的八大菜系之经典闽菜

第一篇

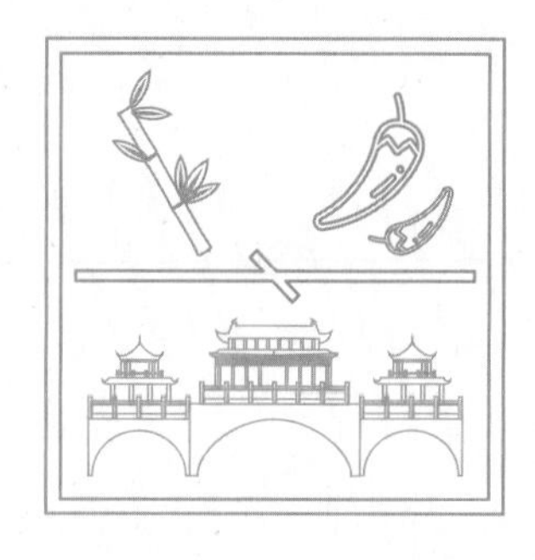

舌尖上的八大菜系之

经典川菜

川菜，即四川风味菜，乃我国八大菜系之一。四川素有“天府之国”的美称，其环境优美、物产丰富，奠定了川菜迅猛发展的基础。川菜发源于巴蜀地区，初步形成于秦到三国年间，在岁月长河中历经多次演变后自成体系。川菜不仅为四川人所喜爱，还深受全国各地民众青睐。

川菜流派

川菜由川西地区、川南地区和川东地区这三大地方的风味流派共同组成。

川西地区是以成都官府菜、眉山菜为代表的上河帮川菜，经典菜有“麻婆豆腐”“夫妻肺片”等。

川南地区是以自贡盐帮菜、内江糖帮菜、泸州河鲜菜、宜宾三江菜为特色的小河帮川菜，经典菜有“冷锅兔”等。

川东地区是以重庆菜、达州菜为典范的下河帮川菜，经典菜有“毛血旺”“酸菜鱼”等。

川菜特色

调味多样、味型多变，有“一菜一格，百菜百味”之誉。常用味型有二十多种，如麻辣味、鱼香味、煳辣味、红油味、怪味、豆瓣味、家常味、椒麻味等，以善用麻辣调味著称。

烹饪技法多达三十多种，有煎、炒、煸、炝、炸、煮、烫、蒸、烧、焖、炖、泡、腊等。其中，小煎、小炒、干煸和干烧最具独到之处。

| 经典川菜 |

麻婆豆腐

菜肴故事

相传，清朝同治年间，在四川成都北门外，有一家专门经营豆腐的陈兴盛小饭店，由老板陈春富之妻掌勺，她用牛肉末加上辣椒、花椒和豆瓣酱烹制的一款豆腐菜，麻辣鲜香，别有风味，生意十分红火。食者见陈妇脸上有麻子，便称其所制的豆腐为“麻婆豆腐”。结果，吃的人越来越多，名声越来越大，麻婆豆腐这道脍炙人口的佳肴也就名扬四海。

特色

“麻婆豆腐”是一款地道的四川传统名菜，它取嫩豆腐为主料、牛肉末作配料、豆瓣酱和花椒粉作主要调料，采用烧的方法制成，凭借色泽红润明亮、味道麻辣咸鲜、质地酥软烫嫩的特点，广受中外食客的喜爱。

原料

原料	用量	原料	用量	原料	用量
嫩豆腐	500克	姜	5克	水淀粉	15毫升
牛肉	100克	香葱	5克	花椒油	5毫升
蒜苗	15克	酱油	10毫升	辣椒油	5毫升
郫县豆瓣酱	15克	辣椒粉	5克	色拉油	50毫升
豆豉	10克	盐	5克	鲜汤	250毫升
蒜	3瓣	花椒粉	3克		

制法

1. 嫩豆腐切成 1.5 厘米见方的小丁；牛肉先切成粗丝，再切成末；蒜苗择洗净，切成小段；郫县豆瓣酱剁碎；豆豉切碎；蒜、姜分别切末；香葱择洗净，切碎花。

2. 汤锅坐火上，添入适量清水烧开，放入豆腐丁汆透，捞出过一下凉水，沥干水分。

3. 坐锅点火，放入色拉油烧至七成热，下入牛肉末炒酥，加蒜末、姜末、剁碎的郫县豆瓣酱、辣椒粉和豆豉碎炒香出红油，掺入鲜汤、豆腐丁，加酱油、盐调好色味，用小火烧约 3 分钟至入味，分次用水淀粉勾芡，撒入蒜苗段、香葱花，淋花椒油和辣椒油，翻匀装盘，撒上花椒粉即成。

|经典川菜|

蚂蚁上树

特色

“蚂蚁上树”是一道经典的家常川味名肴。因牛肉末黏附在粉丝上，形似蚂蚁爬在树上而得名。该菜采用红烧的方法烹制而成，具有色泽红亮、粉丝弹滑、牛肉酥香、味道香辣的特点。

原料

原料	用量	原料	用量
绿豆粉丝	150克	老抽	5毫升
牛肉	100克	生抽	5毫升
香葱	30克	盐	适量
豆瓣酱	15克	鲜汤	适量
蒜	3瓣	红辣椒油	10毫升
姜	5克	色拉油	30毫升

制法

1. 绿豆粉丝用冷水泡软，再放到开水锅里烫透，捞出过冷水后，控干水分。

2. 牛肉先切片后切丝，再切成粒，最后剁成均匀的细末状；香葱择洗净，切成碎花；豆瓣酱剁碎；蒜捣成细蓉；姜洗净，切末。

3. 坐锅点火，倒入色拉油烧至六成热，放入剁碎的豆瓣酱、姜末和蒜蓉，炒香出红油，再加入牛肉末炒酥，倒入鲜汤，加老抽、生抽、盐调好色味，放入粉丝，以中火烧入味至汁少时，撒入香葱花，淋上红辣椒油，翻匀装盘便成。

原料

鸽蛋	10个	胡椒粉	1克
水发竹荪	100克	香油	3毫升
小油菜	15克	清鸡汤	750毫升
盐	5克	色拉油	少许

制法

1. 将水发竹荪切去两头，取中段洗净，剖开切片，放入沸水锅中焯透捞出；小油菜洗净，焯水备用。

2. 取10个干净的小圆碟，内壁涂匀一层色拉油。然后在每个碟内磕入一个鸽蛋，上笼用微火蒸熟，取出，将鸽蛋脱离碟子，放在汤碗中。

3. 坐锅点火，倒入清鸡汤烧沸，放入竹荪片，加入盐和胡椒粉调味，稍煮后出锅，盛入装有鸽蛋的汤碗中，放入小油菜，点缀香油即可（可再放几颗枸杞子点缀）。

|经典川菜|

推纱望月

特色

“推纱望月”这道四川名菜，乃是重庆已故名厨张国栋根据“闭门推出窗前月，投石冲开水底天。”之意境创制而成的。菜品竹荪为窗纱，鸽蛋为明月，以上等清汤为清澈宁静的湖面。当成品上桌后，一碗清汤中，网状的竹荪盖在圆圆的鸽蛋上，就像从窗口透过窗纱观看明月；筷子一动，拨开竹荪，又仿佛是推开窗纱。明月皓洁，菜名别致，汤清味鲜，入口滑嫩，意境美妙，深受食者喜爱。

|经典川菜|

开水白菜

菜肴故事

原系于川菜名厨黄敬临在清宫御膳房时创制。后来，黄敬临将此菜制法带回四川，广为流传。关于该菜的故事很多，最著名的一个是周恩来总理宴请日本贵宾时，因那位女客看到端上来的菜只有一道清水，里面浮着几片白菜，认为肯定寡淡无味，迟迟不愿动筷。在周总理三番五次的盛邀之下，女客才勉强用小勺舀了些汤，谁知一尝便立即目瞪口呆，享用之余不忘询问总理："为何白水煮白菜竟然可以这般美味呢？"原来，这"开水白菜"名说开水，实则是巧用高级鸡汤烹制而成。因为汤清澈见底，视之如开水，故名之。

特色

"开水白菜"为四川的一道经典名菜，它是选取上乘的白菜心，加上调好味的鸡汤，隔水炖制而成的，具有汤清如水、菜心软嫩、食之爽口的特点。因为汤汁清澈见底，视之如开水，故名之。

原料

原料	用量
大白菜心	500克
鸡脯肉	50克
盐	5克
胡椒粉	少许
清鸡汤（常温）	750毫升

制法

1. 大白菜心顺长边切成长条，放在开水锅中煮至断生，捞出过凉水，挤干水分；鸡脯肉剁成细蓉，纳入碗中，加适量清鸡汤搅成稀粥状。

2. 坐锅点火，倒入清鸡汤烧开后，再倒入调好的鸡肉蓉，用勺子慢慢搅拌至凝结成团，捞出另用。然后把清鸡汤过滤，待用。

3. 用细针在白菜心条上反复穿刺后，放在汤盘里，倒入清鸡汤，加入盐和胡椒粉调味，用保鲜膜封口，上笼用大火蒸15分钟，取出即可上桌。

|经典川菜|

口水鸡

特色

“口水鸡”为四川的一道著名凉菜，这名字乍听有点不雅，但吃过的人再次听到“口水鸡”，就会想起那种酸辣麻香的味道，嘴里不禁充满口水。此菜是以三黄鸡为主料，用水煮熟浸凉后，拌上用芝麻酱、花椒粉、红辣椒油等调好的酱料而成，具有色泽红亮、皮滑肉嫩、麻辣适口的特点。

原料

原料	用量	原料	用量	原料	用量
净三黄鸡	**1/2只**	花椒粉	**5克**	姜末	**5克**
芝麻酱	**15克**	生抽	**5毫升**	姜	**3片**
醋	**15毫升**	油炸花生碎	**5克**	大葱	**2段**
料酒	**15毫升**	熟芝麻	**5克**	香油	**10毫升**
豆豉	**10克**	蒜末	**5克**	红辣椒油	**30毫升**
白糖	**5克**				

制法

❶

将净三黄鸡放入锅中，加入凉水没过鸡身，放料酒、姜片和葱段，水沸后转中火煮至八九成熟，关火用余温闷熟。

❷

将三黄鸡捞出放入装有冰水的盆里浸泡10分钟，捞出控干水分，切成条状，整齐地装在盘中。

❸

将芝麻酱放入小碗内，加醋和香油调匀后，再加生抽、豆豉、白糖、花椒粉、蒜末、姜末、油炸花生碎、熟芝麻和红辣椒油调匀成味汁，淋在鸡条上即成。

原料

原料	用量	原料	用量
净仔鸡	750克	熟白芝麻	10克
干辣椒	200克	料酒	15毫升
干花椒	50克	盐	适量
姜	15克	红辣椒油	适量
蒜	4瓣	色拉油	适量
大葱	10克		

制法

1. 净仔鸡剁成2厘米大小的块；干辣椒去蒂、切小节，用清水泡一下，挤去水分；姜切指甲大小的片；蒜切片；大葱切段。

2. 鸡块用清水漂洗两遍，挤干水分，纳入盆中加葱段、5克姜片、盐和料酒拌匀，腌约15分钟。

3. 坐锅点火，注入色拉油烧至七成热时，放入鸡块炸成浅黄色，滗去大部分油，继续边煎边炸至熟，加入蒜片和剩余姜片煸炒，再加入干花椒和干辣椒节煸炒，待辣椒炒出香味且变成焦脆褐红色时，调入盐和红辣椒油，炒匀后撒上白芝麻，装盘便成。

|经典川菜|

辣子鸡

特色

“辣子鸡”是一道风靡大江南北的四川风味名菜。将切成小块的鸡肉经过腌制、油炸后，再加上大量的干花椒和干辣椒炒制而成。具有鸡肉酥嫩、香辣麻浓、色泽红艳的特点。

|经典川菜|

宫保鸡丁

菜肴故事

“宫保鸡丁”至今已有160多年的历史，传说与四川总督丁宝桢有关。丁宝桢是清朝咸丰年间的进士，据说在四川任总督时，每遇宴客，他都让家厨用花生米、干辣椒和鸡肉搭配炒制成菜肴，肉嫩香辣，很受客人欢迎。后来他由于戍边御敌有功，被朝廷封为“太子少保”，人称“丁宫保”，其家厨烹制的炒鸡丁，也被称为“宫保鸡丁”。还有一种说法是，丁宝桢在四川时，常微服私访，一次在一个小饭店用餐，吃到以花生米炒的辣子鸡丁，叫家厨仿制，家厨便以“宫保鸡丁”名之。

特色

这道菜品是以鸡脯肉为主料、油炸花生米作配料，采用爆炒的方法烹制而成，是一款典型的糊辣荔枝味川菜名品。成品油汁红亮、鸡丁鲜嫩、糊辣味浓香、味咸鲜略带甜酸，吃了还想吃，实是一道脍炙人口的川菜名肴。

原料

原料	用量
鸡脯肉	200克
油炸去皮花生米	100克
青笋	50克
干辣椒	30克
葱白	30克
蒜	2瓣
白糖	15克
料酒	10毫升
酱油	10毫升
醋	10毫升
盐	5克
干淀粉	25克
鲜汤	75毫升
红辣椒油	10毫升
色拉油	适量

制法

1. 将鸡脯肉拍松，再切成 2 厘米见方的丁；青笋去皮，切成小方丁；干辣椒去蒂、切节；葱白切短节；蒜切片。

2. 鸡丁纳入碗中，加入 3 克盐、5 毫升酱油、15 克干淀粉和料酒抓匀上浆；用 5 毫升酱油、白糖、醋、2 克盐、10 克干淀粉和鲜汤在碗内调成芡汁，备用。

3. 坐锅点火，注入色拉油烧至四成热时，下入上浆的鸡丁滑散至断生，盛出控油；锅留适量底油复上火位，放入葱白节、蒜片和干辣椒节炸成虎皮色，下青笋丁略炒，倒入鸡丁和芡汁快速翻炒均匀，加入油炸花生米，淋红辣椒油，翻匀装盘即成。

|经典川菜|

棒棒鸡

特 色

此菜因为制作时要把鸡肉用木棒敲松，故称之为“棒棒鸡”。制法是将鸡肉煮熟后，用木棒敲松，再用手撕成条，淋上用芝麻酱、红辣椒油等调成的味汁而成，具有鸡肉软嫩、味道香辣、略带酸甜的特点。

原 料

原料	用量	原料	用量	原料	用量
净肥鸡	**1/2 只**	大葱	**3 段**	白糖	**10 克**
黄瓜丝	**50 克**	花椒	**数粒**	芝麻盐	**5 克**
熟花生碎	**10 克**	料酒	**15 毫升**	鸡汤	**30 毫升**
香菜碎	**10 克**	芝麻酱	**15 克**	香油	**10 毫升**
香葱花	**5 克**	生抽	**10 毫升**	红辣椒油	**50 毫升**
姜	**4 片**	醋	**15 毫升**		

制 法

❶

锅内添适量清水，放料酒、姜片、葱段和花椒，大火煮开，放入净肥鸡煮至八九成熟，关火闷熟，取出用冷水或冰水泡 10 分钟。

❷

把肥鸡取出控去汁水，用木棒将其肉敲松，再用手分离骨肉，取鸡肉撕成长条，堆放在垫有黄瓜丝的盘中。

❸

芝麻酱放入小碗内，先加入鸡汤调稀，再加入生抽、醋、白糖、芝麻盐、香葱花、香油和红辣椒油调匀成味汁，淋在盘中鸡肉上，最后撒上熟花生碎和香菜碎即成。

原料

鸡脯肉	150 克	水淀粉	15 毫升
鸡蛋清	4 个	盐	3 克
豌豆苗	5 根	胡椒粉	少许
枸杞子	5 克	清汤	1500 毫升

制法

1. 将鸡脯肉表面的一层筋膜剔净，先切成丁，再剁成极细的蓉；豌豆苗洗净，沥水，切碎；枸杞子用温水泡软。

2. 将鸡肉蓉盛入小盆里，放入鸡蛋清和水淀粉，顺一个方向搅拌上劲，续放 75 毫升清汤搅拌上劲，加入盐调味，然后过细箩，待用。

3. 锅里倒入清汤烧沸，倒入调好的鸡豆花，待汤烧沸且鸡肉蓉凝结成块，转小火氽熟，加盐和胡椒粉调味，出锅盛入汤碗内，点缀上豌豆苗碎和枸杞子即成。

|经典川菜|

鸡豆花

特色

“鸡豆花”是川菜中典型的宴席名菜。因其形状似豆花，故名。该菜是一道高级汤品，先将鸡脯肉、鸡蛋清、水淀粉等原料调成粥状，再采用水氽法烹制而成。具有汤清见底、色泽雪白、入口即化、味道鲜香的特点。

|经典川菜|

钵钵鸡

特色 “钵钵鸡”是四川的一款传统风味名菜，因为过去常将其装在钵里叫卖，人们习惯地称之为“钵钵鸡”。它是将净公鸡煮熟晾凉，剔去骨头，再将肉片成均匀的片，整齐地装在土钵里，然后淋上用冷鸡汤、红辣椒油、花椒面等调好的味汁而成，以其色泽红亮、香气四溢、皮脆肉嫩、麻辣鲜香、甜咸适中的特点，让人垂涎欲滴，一生难忘。

原料

原料	用量	原料	用量	原料	用量
净公鸡	1只	花椒面	5克	藤椒油	15毫升
罗汉笋	150克	盐	3克	红辣椒油	75毫升
生抽	30毫升	姜	5片	熟芝麻	适量
美极鲜酱油	15毫升	大葱	5段	香菜碎	适量
料酒	15毫升	花椒	数粒	冷鸡汤	300毫升
白糖	10克				

制法

❶ 将净公鸡焯水后洗净污沫，投入热水锅中，加入料酒、花椒、葱段和姜片，大火煮开，撇净浮沫，转小火煮到八九成熟，关火后利用余温把鸡闷熟，捞出来晾凉。

❷ 把罗汉笋入水锅中煮熟，捞出投凉，先切段再切成长片，放在土钵内垫底。接着将煮熟的公鸡剔去骨头，用快刀把鸡肉片成薄片，整齐地码在笋片上。

❸ 冷鸡汤倒入小盆内，加入生抽、美极鲜酱油、盐、花椒面、白糖、藤椒油和红辣椒油调匀成味汁，倒在钵内的鸡肉片上，撒上熟芝麻和香菜碎即成。

|经典川菜|

怪味鸡

特色

“怪味鸡”为四川风味代表菜之一。它是将煮熟的三黄鸡改刀装盘，浇上用芝麻酱、花椒粉、辣椒油、白糖、醋等多种调料兑好的味汁而成，具有鸡肉弹滑软嫩，味道咸、甜、麻、辣、酸、香、鲜的特点。因其五味俱全，味道特别，故名“怪味鸡”。

原料

原料	用量	原料	用量	原料	用量
净三黄鸡	1/2 只	芝麻酱	15 克	花椒	数粒
熟芝麻	10 克	白糖	15 克	盐	适量
姜	5 片	醋	15 毫升	鸡精	适量
香葱花	5 克	蒜泥	10 克	冷鸡汤	50 毫升
大葱	3 段	酱油	10 毫升	香油	5 毫升
料酒	15 毫升	花椒粉	5 克	辣椒油	30 毫升

制法

❶ 汤锅坐火上，添入适量清水，放入料酒、姜片、葱段和花椒，待烧开后放入三黄鸡，转小火煮至八成熟，关火用汤的余温使其成熟。

❷ 把鸡捞在装有凉开水的盆里浸凉后，剔去大骨，切成长条，整齐地装在盘里。

❸ 将芝麻酱放入小碗内，加入冷鸡汤顺向搅成稀糊状，依次加入蒜泥、花椒粉、酱油、盐和鸡精调匀，再加白糖调匀，最后加醋、香油和辣椒油充分调匀，淋在鸡条上，撒上香葱花和熟芝麻即成。

原料

原料	用量	原料	用量
肥鸭	1只（约1250克）	姜片	10克
白糖	50克	葱段	10克
料酒	50毫升	葱丝	1小碟
盐	10克	甜面酱	1小碟
花椒	5克	荷叶夹	10个
茉莉花茶	5克	色拉油	750毫升（约耗50毫升）
樟树叶	15克		

制法

1. 用料酒、盐和花椒依次将鸭身表面和腹腔抹匀，放上姜片和葱段，腌约12小时；茉莉花茶和樟树叶用清水浸湿，备用。

2. 铁锅坐火上，锅底放入樟树叶、茉莉花茶和白糖，架上箅子，放入鸭子和葱段，加盖熏至表面呈茶黄色，打开盖，将鸭子翻一下身，再盖好盖，熏至另一面也呈茶黄色，取出。

3. 把鸭子上笼用旺火蒸熟，取出控汁，放入烧至七成热的油锅中，炸至表皮酥脆且呈金黄色时，捞出控油，用刀切块后整齐装盘，随葱丝、甜面酱和荷叶夹上桌即成。

|经典川菜|

樟茶鸭

特色

“樟茶鸭子”为四川菜系的一款特色传统名菜，它是以肥鸭为主料，经过腌渍、蒸制、油炸等工序烹制而成，以其色泽红润、皮酥肉嫩、味道鲜美、带有樟木和茶叶的特殊熏香味的特点名扬海内外。

|经典川菜|

回锅肉

特色

“回锅肉”是川菜的著名菜肴，号称“川菜第一菜”。在民间又叫“过门香”。它是将煮至半熟的带皮猪肉切成大片，搭配蒜苗、郫县豆瓣酱等佐料炒制而成，具有色泽红亮、肉片香醇、肥而不腻、咸辣回甜、酱香浓郁的特点。

原料

原料	用量	原料	用量
带皮坐臀肉	**300克**	白糖	**10克**
蒜苗	**75克**	姜	**5片**
青辣椒	**30克**	大葱	**3段**
红辣椒	**30克**	花椒	**数粒**
郫县豆瓣酱	**30克**	盐	**适量**
姜末	**10克**	酱油	**适量**
蒜末	**10克**	色拉油	**适量**
料酒	**15毫升**		

制法

1. 将坐臀肉皮上的残毛、污物刮洗干净，放在加有10毫升料酒、葱段、姜片和花椒的水中煮至断生，捞出晾凉。

2. 把煮好的猪肉切成长6厘米、宽4厘米、厚0.3厘米的片；蒜苗择洗干净，斜刀切马蹄段；青、红辣椒洗净去蒂，斜刀切块；郫县豆瓣酱剁碎。

3. 坐锅点火，放色拉油烧至四成热时，下猪肉片煸炒至吐油并呈灯盏窝状时，烹5毫升料酒，续下姜末和蒜末炒香，加入郫县豆瓣酱炒出红油，调入酱油、盐、白糖，加入青、红椒块和蒜苗段，炒匀至断生，装盘即成。

|经典川菜|

锅巴肉片

特色

“锅巴肉片”是四川风味名菜，成菜除有色、香、味之外，还有声来助兴。上菜者一手端着盛有炸好的金黄色锅巴的盘子置于桌上，另一手把碗里烹好的热气腾腾带有肉片的汤汁迅速浇在刚炸好的锅巴上，发出“滋”的响声，趣味十足。难怪有人将此菜称之为“平地一声雷”。

原料

原料	用量	原料	用量	原料	用量
猪瘦肉	**200克**	料酒	**10毫升**	酱油	**适量**
锅巴	**100克**	葱花	**5克**	盐	**适量**
水发香菇	**30克**	姜末	**5克**	鲜汤	**适量**
水发玉兰片	**30克**	蒜片	**5克**	香油	**适量**
鸡蛋	**半个**	水淀粉	**35毫升**	色拉油	**适量**
泡红辣椒	**15克**				

制法

❶

将猪瘦肉剔净筋膜，切成薄片，纳入碗中，加料酒、盐、鸡蛋和15毫升水淀粉拌匀上浆；水发香菇去蒂，斜刀切片；水发玉兰片切小片，同香菇片放入沸水中焯透，捞出沥干；泡红辣椒去蒂，切节；锅巴用手掰成3厘米大小的块。

❷

坐锅点火，注入色拉油烧至四成热时，下入猪肉片滑散至变色，倒出控净油分；锅留底油复上火位，炸香葱花、姜末、蒜片和泡红辣椒节，放入香菇片和玉兰片煸炒一会，掺入鲜汤煮开，倒入猪肉片，加酱油、盐调味，淋上剩余水淀粉，搅匀盛入大碗内，点上适量香油待用。

❸

与此同时，将另一锅坐在火上，放入色拉油烧至七成热时，下入锅巴炸至膨胀且呈金黄色，捞出盛在盘内，同时舀入沸油50毫升，连同碗里的肉片一起上桌，把肉片和汤汁一起倒在锅巴上，发出响声即成。

原料

猪肉	200克	醋	25毫升	盐	3克
冬笋	50克	酱油	10毫升	水淀粉	30毫升
水发木耳	50克	料酒	适量	鲜汤	100毫升
鸡蛋	1/2个	蒜	5瓣	香油	5毫升
泡辣椒	30克	大葱	10克	色拉油	200毫升
白糖	30克	姜	5克		（约耗30毫升）

制法

1. 将猪肉切成5厘米长、0.3厘米粗的丝；冬笋、水发木耳分别切丝；泡辣椒去蒂，剁成细蓉；蒜、姜分别切末；大葱切碎花。

2. 猪肉丝纳入碗中，加盐、料酒、鸡蛋和15毫升水淀粉拌匀上浆，再加10毫升色拉油拌匀；用白糖、醋、酱油、鲜汤和剩余水淀粉在小碗内调成味汁，备用。

3. 坐锅点火，注入色拉油，烧至四成热时，下入上浆的猪肉丝滑散至断生，倒出控油；锅留适量底油烧热，下入泡辣椒蓉、姜末和蒜末炒香出色，烹料酒，投入冬笋丝和木耳丝炒匀，倒入过油的猪肉丝和味汁炒匀，撒葱花，淋香油，再次翻匀装盘即成。

|经典川菜|

鱼香肉丝

特色

鱼香味是川菜里独有的一种味型，众所周知的“鱼香肉丝”，就是以猪肉丝为主料，经过上浆滑油后，加上姜、葱、蒜、白糖、醋等调成鱼香味而制成的菜品，具有色泽红亮、肉丝滑嫩、咸甜酸辣兼备、葱姜蒜味浓郁的特点。

咸烧白

特色

“咸烧白”是川菜传统菜品，因成菜后翻扣于盘中，许多地方又称之为扣肉。此菜是将五花肉切成大片，搭配芽菜蒸制而成，具有色泽棕红、咸鲜香浓、回味香甜、软糯不腻的特点。

原料

原料	用量	原料	用量	原料	用量
带皮猪五花肉	**400 克**	姜	**5 克**	胡椒粉	**2 克**
芽菜	**100 克**	糖色	**10 克**	花椒	**1 克**
豆豉	**15 克**	料酒	**5 毫升**	鲜汤	**100 毫升**
大葱	**3 段**	酱油	**5 毫升**	色拉油	**500 毫升（实耗 20 毫升）**
泡辣椒	**10 克**	盐	**3 克**		
香葱花	**适量**				

制法

1. 把猪五花肉表皮的残毛污物刮洗干净，放入水锅中煮熟，捞出擦干水分，趁热在表皮抹匀一层糖色，晾干后放入烧至七成热的油锅中炸至表皮起皱呈枣红色，捞出放在热水里泡软。

2. 把猪五花肉取出，控干水分，切成长 10 厘米、宽 4 厘米、厚 0.4 厘米的片；芽菜洗净，切成 1 厘米长的节；泡辣椒、大葱切成马耳形；姜切片；用鲜汤、料酒、酱油、盐和胡椒粉在一小碗中调成味汁。

3. 将猪肉片的皮朝下摆在蒸碗中，放上豆豉、泡辣椒、花椒、姜片和葱段，倒入调好的味汁，放上芽菜节，上笼用旺火蒸至软烂，取出翻扣在盘中，用香葱花点缀即成。

|经典川菜|

甜烧白

特色

“甜烧白”是四川九大碗之中的“夹沙肉”，为一道四川的传统名菜。它是将豆沙馅夹入五花肉片内，同糯米饭入碗蒸制而成的一道甜品。以其造型美观、红白分明、油润光亮、鲜香甜糯、肥而不腻的特点，深受大众喜爱。

原料

原料	用量	原料	用量
带皮猪五花肉	400克	红糖	25克
糯米饭	100克	白糖	10克
红枣	8颗	糖色	10克
豆沙馅	75克	色拉油	500毫升（约耗20毫升）

制法

1. 把猪五花肉表皮的残毛污物刮洗干净，放入水锅中煮熟，捞出擦干水分，趁热在表皮抹匀一层糖色，晾干后放入烧至七成热的油锅中，炸至表皮起皱呈枣红色，捞出放在热水里泡软。

2. 把猪五花肉取出控干水分，切成长10厘米、宽5厘米、厚0.6厘米的长方形夹刀片；糯米饭加红糖拌匀；红枣洗净泡涨，去核对切。

3. 将猪肉片内夹入一层豆沙馅，肉皮朝下摆入蒸碗内壁，碗底放上红枣，再填入糯米饭至与碗口齐平，上笼用大火猛蒸90分钟至软烂，取出翻扣在盘中，撒上白糖即成。

原料

原料	用量	原料	用量
带皮猪坐臀肉	400克	花椒	数粒
黄瓜片	100克	酱油	5毫升
蒜	10瓣	盐	3克
料酒	10毫升	香油	10毫升
葱段	10克	辣椒油	50毫升
姜片	10克		

制法

1. 将猪坐臀肉皮上的残毛污物刮洗干净，入沸水锅中氽去血水，捞出洗净污沫，待用。

2. 将猪坐臀肉放入烧开的清水锅中，加料酒、葱段、姜片和花椒，以小火煮至八成熟后离火，加盖闷至汤汁冷后，捞出切成大薄片，整齐地与黄瓜片摆在圆盘中。

3. 蒜瓣入钵，放入盐捣成细蓉，加入凉开水调匀，再加酱油、香油和辣椒油调匀成蒜泥红油味汁，淋在盘中肉片上即成。

|经典川菜|

蒜泥白肉

特色

“蒜泥白肉”是十分有名的传统川菜，历史悠久，流传广泛，在人们心目中有着很高的声誉。它是将猪肉煮熟晾凉切片，佐以蒜泥红油味汁食用的一道凉菜，具有片薄如纸、色泽美观、白里透红、香而不腻、味美适口的特点。

| 经典川菜 |

水煮牛肉

特色

“水煮牛肉”是一道颇具特色的四川风味名菜。因为此菜中的牛肉片不是用油炒的，而是在汤中煮熟的，故名“水煮牛肉”。成菜具有色泽油润红亮、汤汁滚烫麻辣、口感滑嫩香鲜的特点。

原料

原料	用量	原料	用量
肥牛肉片	300克	姜汁	10毫升
净生菜叶	100克	生抽	10毫升
鸡蛋清	1个	花椒粉	5克
干淀粉	25克	酱油	适量
红油豆瓣酱	25克	盐	适量
蒜泥	15克	葱花	适量
干辣椒节	10克	鲜汤	适量
花椒	10克	色拉油	150毫升

制法

1. 将肥牛肉片纳入盆中，先加75毫升清水抓上劲，再加姜汁、生抽和花椒粉拌匀上劲，再加鸡蛋清和干淀粉拌匀，最后倒入25毫升色拉油封面，入冰箱冷藏1小时，备用。

2. 坐锅点火，放入125毫升色拉油烧至四成热时，下入干辣椒节和花椒炸成浅褐色捞出，晾凉后铡成碎末。再把锅中的油倒出一半，备用；净生菜叶装入大碗中垫底，备用。

3. 锅随余油复火位，下入红油豆瓣酱和蒜泥炒香，倒入鲜汤，加酱油、盐调好口味，沸腾后稍煮片刻，捞净料渣，下入肥牛肉片，改小火煮熟，连汤倒在垫有生菜叶的大碗中，撒上干辣椒末、花椒末和葱花，再把备用的油烧热，淋在上面即成（可撒些白芝麻点缀）。

陈皮牛肉

特色

“陈皮牛肉”为一道四川特色传统名菜，采用中药陈皮和牛肉搭配，并加以辣椒、花椒等各种佐料，采用炸收的方法烹制而成。以其色泽褐红、质地酥软、麻辣回甜、陈皮味芳香的特点，深受食客的赞赏。

原料

牛肉	**500 克**	白糖	**15 克**	辣椒油	**15 毫升**
陈皮	**15 克**	料酒	**10 毫升**	酱油	**适量**
干辣椒	**15 克**	花椒	**5 克**	鲜汤	**适量**
大葱	**10 克**	盐	**5 克**	色拉油	**适量**
姜	**10 克**	花椒粉	**3 克**	熟芝麻	**少许**
蒜	**3 瓣**	香油	**5 毫升**		

制法

❶

先把牛肉上的筋膜剔净，再切成稍大的薄片；陈皮用温水泡软，切条；大葱用刀拍裂，切段；姜、蒜分别切片。

❷

牛肉片纳入盆中，加 5 毫升料酒、5 克大葱段、5 克姜片和 3 克盐，拌匀腌 10 分钟，将牛肉片逐片下入到烧至六成热的油锅中，炸干表面水分并呈棕褐色时，捞出控净油分。

❸

锅内留适量底油烧热，放入葱段、姜片、蒜片、干辣椒、花椒和陈皮炒香，烹料酒，加鲜汤烧沸，调入酱油、白糖和剩余盐，放入炸好的牛肉片，用小火把汤汁收得快干时，加入花椒粉、香油和辣椒油拌匀，出锅装盘，撒上熟芝麻即成。

原料

原料	用量	原料	用量	原料	用量
牛腿肉	**500克**	蒜	**3瓣**	辣椒粉	**3克**
蒸肉米粉	**100克**	姜	**5克**	花椒粉	**3克**
郫县豆瓣酱	**25克**	酱油	**10毫升**	盐	**2克**
腐乳汁	**20毫升**	料酒	**10毫升**	香菜段	**5克**
醪糟汁	**15毫升**	花椒粒	**5克**	色拉油	**50毫升**
香葱	**15克**				

制法

将牛腿肉横刀切成厚约0.5厘米的大片；香葱择洗净，切成碎花；花椒粒和一半香葱花放在一起铡成细末；姜洗净去皮，切末；蒜捣成蓉，加少许清水调澥；郫县豆瓣酱剁碎，用烧热的色拉油炒香，待用。

②

将牛肉片放入盆中，放入铡好的花椒和香葱、姜末、油炒豆瓣酱、腐乳汁、醪糟汁、酱油、料酒、盐和适量清水拌匀，腌半小时，再加入蒸肉米粉拌匀。

③

把拌好的牛肉片放进小蒸笼里，用大火蒸约90分钟，取出后撒上辣椒粉、花椒粉、蒜蓉汁、香菜段和剩余香葱花即成。

|经典川菜|

粉蒸牛肉

特色

“粉蒸牛肉”是四川的一道传统名菜，当热气腾腾的粉蒸牛肉端到你面前，油亮的牛肉片、红彤彤的辣椒面、翠绿的香葱和香菜就足以惹人眼球，凑近一闻，麻香、辣香、蒜香等各种香气诱人馋涎欲滴，赶快用手中的筷子夹起一片牛肉送入口中轻轻一嚼，软烂香糯、麻辣香浓，实为名不虚传的经典佳肴。

|经典川菜|

毛血旺

特色

“毛血旺”是一道著名的传统川菜。它是以鸭血为主要食材，搭配毛肚、肥肠等多种食材，用调好的麻辣汤汁煮制而成的，具有色泽红润、颜色诱人、麻辣鲜香、口感多样的特点。

原料

原料	用量	原料	用量	原料	用量
鸭血	**200克**	郫县豆瓣酱	**30克**	盐	**适量**
熟肥肠	**150克**	火锅底料	**75克**	白糖	**适量**
鳝鱼肉	**150克**	干辣椒	**100克**	老抽	**适量**
毛肚	**150克**	花椒	**15克**	鲜汤	**适量**
方火腿肠	**100克**	香葱	**10克**	水淀粉	**15毫升**
黄豆芽	**150克**	姜	**10克**	香油	**15毫升**
金针菇	**150克**	料酒	**适量**	色拉油	**150毫升**

制法

1. 鸭血切骨牌片；熟肥肠斜刀切段；鳝鱼肉切长条片；毛肚切成手指宽的条；方火腿肠切长方形片；黄豆芽去根和豆皮；金针菇去根分开，洗净；香葱择洗净，切碎花；姜切末；干辣椒切短节；郫县豆瓣酱剁碎。

2. 坐锅点火，倒入清水烧至微开时，加料酒，放入鸭血片煮开，续放肥肠段、鳝鱼肉片和火腿肠片焯透，捞出沥去水分。

3. 原锅上火烧干，放入50毫升色拉油烧至四成热时，放入5克花椒和25克干辣椒节炸上色，续放郫县豆瓣酱和火锅底料炒出红油，掺入鲜汤，加姜末烧开，捞出料渣，放入黄豆芽和金针菇煮熟，捞出放在汤盆里垫底，再放入鳝鱼肉片、鸭血片、火腿肠片、肥肠段和毛肚条煮开，加盐、白糖和老抽调好色味，煮约3分钟后，淋入水淀粉，搅匀后倒在黄豆芽和金针菇上。

4. 锅重坐火上，倒入剩余色拉油和香油烧至四成热时，放入10克花椒和75克干辣椒节，以小火慢慢炸出香味并呈棕红色时，起锅淋在汤盆中的食物上，撒上香葱花即成（可以撒些白芝麻点缀）。

|经典川菜|

灯影牛肉

特色

“灯影牛肉”是四川风味传统名菜，因其牛肉片薄而宽，可以透过灯影，有民间皮影戏之效果而得名。此菜是将牛肉切成大薄片，用椒盐腌制后，经过晾干、油炸、调味等工序制作而成，具有薄如纸张、色泽红亮、麻辣酥脆、回味无穷的特点。

原料

黄牛肉	**500克**	花椒盐	**5克**
辣椒粉	**30克**	五香粉	**2克**
白糖	**30克**	香油	**5毫升**
花椒粉	**15克**	色拉油	**500毫升**
料酒	**15毫升**	葱花	**5克**

制法

1. 将黄牛肉去掉筋膜，切成0.3厘米厚的大薄片，平铺在盘子上，撒上花椒盐抹匀，晾约18个小时至呈干硬状态。

2. 坐锅点火，倒入色拉油烧至七成热时，放入牛肉片炸至焦脆，倒出控净油分。

3. 把牛肉片倒回锅里，烹料酒，加入辣椒粉、白糖、花椒粉和五香粉炒匀，出锅晾凉，淋上香油，装盘，用葱花点缀即成。

原料

卤牛肉	75 克	香菜段	10 克	花椒粉	3 克
卤毛肚	75 克	熟芝麻	10 克	白糖	少许
卤牛心	75 克	熟花生碎	10 克	辣椒油	15 毫升
卤牛舌	75 克	盐	3 克	红卤水	150 毫升
芹菜	50 克				

制法

将卤牛肉、卤毛肚、卤牛心、卤牛舌分别切成大薄片；芹菜去筋洗净，斜刀切段，放入开水锅中焯至断生，捞出投凉，控去水分。

2

用红卤水、盐、花椒粉、白糖和辣椒油在小碗内调匀成味汁，备用。

3

把芹菜段铺在盘中垫底，上面整齐覆盖上卤牛肉片、卤毛肚片、卤牛舌片和卤牛心片，淋上调好的味汁，撒上香菜段、熟芝麻和熟花生碎即成。

|经典川菜|

夫妻肺片

特色

此菜在国内外食客中的知名度极高，据说是在20 世纪 30 年代由成都郭朝华夫妇创制的，因此得“夫妻肺片”之名。夫妻肺片注重选料、制作精细、调味考究、软烂入味、麻辣鲜香、细嫩化渣，深受群众喜爱。

|经典川菜|

干煸牛肉丝

特色

“干煸牛肉丝”是用牛肉丝为主料、芹菜作配料、辣椒和花椒作主要调料，运用川菜中颇有特色的一种烹调方法——干煸法烹制而成，具有色泽棕红、麻辣干香、入口化渣、回味悠长的特点。

原料

原料	用量	原料	用量
牛里脊肉	**250 克**	酱油	**5 毫升**
芹菜	**100 克**	花椒粉	**3 克**
姜	**15 克**	盐	**3 克**
干辣椒	**25 克**	色拉油	**100 毫升**
辣椒粉	**15 克**	香油	**适量**
料酒	**10 毫升**		

制法

❶ 将牛里脊肉切成 8 厘米长、筷子粗的丝，纳入碗中加料酒、盐、酱油和 15 毫升色拉油拌匀；芹菜洗净去筋络，同姜分别切成比牛肉丝稍短的丝；干辣椒去蒂，用剪刀剪成粗丝。

❷ 坐锅点火炙热，注入 30 毫升色拉油烧至七成热时，下入牛肉丝煸炒至变白出水时，倒出控净水分。

❸ 原锅洗净重新上火炙热，注入剩余色拉油烧至七成热时，倒入牛肉丝煸干水分，加姜丝和盐煸炒一会，续加干辣椒丝、2 克花椒粉和 10 克辣椒粉炒匀，放入芹菜丝，转大火煸干，再加 1 克花椒粉、5 克辣椒粉和香油，炒匀出锅装盘即成。

原料

原料	用量	原料	用量	原料	用量
鲜兔肉	600克	土豆片	25克	青花椒	10克
熟猪血	100克	菜花朵	25克	姜末	10克
豆腐	100克	莴笋块	25克	葱花	适量
子姜块	25克	黄瓜条	25克	盐	适量
藕片	25克	豆瓣酱	50克	鸡精	适量
青、红椒圈	25克	料酒	15毫升	香辣油	适量
洋葱片	25克				

制法

把鲜兔肉切成均匀的小块，纳入盆中，加入剁碎的豆瓣酱、料酒、姜末、盐和鸡精拌匀腌制；熟猪血、豆腐分别切片，焯水备用。

2

锅坐火上，添入适量的清水，倒入腌好的兔肉块，待烧沸煮到八成熟时，加入猪血块、豆腐块和子姜块，煮开后再加入藕片、黄瓜条、洋葱片、土豆片、菜花朵、莴笋块和青、红椒圈。待煮至锅里的原料皆熟时，放入盐和鸡精调味，搅匀后盛入盘中。

3

原锅洗净重上火位，倒入香辣油烧热，下入青花椒炝香，起锅浇在盘子中间的食物上，最后撒上葱花即成。

|经典川菜|

冷锅兔

特色

此菜是以豆瓣酱等调料腌制的兔肉为主料，搭配猪血块、豆腐块、藕片等多种食材煮制而成的，具有兔肉烫嫩、麻辣味浓、口感丰富的特点。因滚烫的兔肉装在铁锅里，锅底下不点火直接上桌，故叫“冷锅兔”。

|经典川菜|

炝锅鱼

特色

“炝锅鱼”为川菜里一款传统的美味鱼肴，它是把鱼先用郫县豆瓣酱烧成家常味，再加入用干辣椒和花椒铡成的刀口辣椒炝制而成，具有色泽红润油亮、鱼肉入口嫩滑、味道麻辣鲜香的特点。

原料

鲜鲤鱼	1条	料酒	10毫升	香葱花	适量
郫县豆瓣酱	30克	姜片	5克	酱油	适量
泡辣椒末	20克	葱节	5克	盐	适量
刀口辣椒	25克	姜末	适量	色拉油	适量
白糖	15克	蒜末	适量	鲜汤	适量

制法

❶

将鲜鲤鱼宰杀治净，在鱼身两侧切上交叉十字花刀，用料酒、盐、姜片和葱节腌10分钟，然后下入烧至七成热的油锅中炸至表面金黄且酥脆时，捞出来沥油。

❷

锅里留适量底油烧热，投入姜末和蒜末炒香后，下入剁碎的郫县豆瓣酱和泡辣椒末炒香，再放入10克刀口辣椒略炒，掺入鲜汤并放入炸过的鲤鱼，烧沸后调入酱油、盐和白糖，用小火烧至熟透入味，把鲤鱼出锅装在盘中。

❸

用水淀粉收汁，出锅淋在鱼身上，再撒上剩余的15克刀口辣椒，浇上50毫升热油激香，最后撒上香葱花便成。

原料

江团	1条	红辣椒丝	5克
蒸鱼豉油	50毫升	料酒	10毫升
姜	5片	盐	5克
大葱	3段	胡椒粉	1克
葱丝	5克	香油	5毫升
姜丝	5克	化猪油	15毫升

制法

1. 将江团宰杀治净，放入沸水锅中烫约1分钟，捞出放在冷水盆中，用小刀刮去表面的白色黏液，擦干水分。

2. 在江团两侧肉厚处斜划几刀，抹匀料酒、盐和胡椒粉腌制入味，放在垫有大葱段的盘中，上面放姜片，淋上化猪油，入笼用旺火蒸约15分钟。

3. 待时间到后取出来，撒上葱丝、姜丝和红辣椒丝，淋上香油和蒸鱼豉油即成。

|经典川菜|

清蒸江团

特色

“清蒸江团”是四川的一道传统名菜，由来已久。此菜以江团为主料，经腌制后清蒸而成。具有形状美观大方、肉质肥美细嫩、味道清鲜醇美的特点。

|经典川菜|

酸菜鱼

特色

“酸菜鱼”是四川的一道很有名的菜品，在20世纪90年代初红遍了大江南北。该菜是用酸菜和鱼炖制而成的，具有鱼肉滑嫩、酸辣香醇、汤鲜开胃的特点。

原料

鲜草鱼	**1条（约1000克）**	小葱	**20克**	大葱	**3段**
酸菜	**250克**	泡野山椒	**15克**	盐	**5克**
鸡蛋清	**2个**	泡辣椒	**15克**	胡椒粉	**2克**
干淀粉	**15克**	料酒	**15毫升**	化猪油	**30毫升**
干辣椒	**25克**	姜	**5片**	色拉油	**75毫升**

制法

❶

将鲜草鱼宰杀治净，剔下两侧鱼肉，用斜刀切成0.3厘米厚的片，鱼头和鱼骨斩成块；酸菜用温水反复洗净，挤干水分，剁碎；干辣椒去蒂，切节；小葱择洗净，切碎花；泡野山椒切碎粒；泡辣椒去蒂，切节。

❷

草鱼片入盆，用清水漂洗一遍，攥干水分，加入3克盐、胡椒粉、鸡蛋清、干淀粉和15毫升色拉油抓匀上浆。坐锅点火，放入化猪油烧至七成热，投入酸菜碎炒干水汽，盛出备用。

❸

原锅重上火位，放入25毫升色拉油烧热，放入姜片、大葱段、泡野山椒粒和泡辣椒节炒香，投入鱼骨块和鱼头块煸炒发白，烹料酒，掺适量开水，加入酸菜碎，调入盐后煮约10分钟，把酸菜、鱼头和鱼骨捞在汤盆内，再把鱼片下入汤锅中煮熟，起锅连汤倒在鱼骨和酸菜上，并放上干辣椒节，淋上烧至极热的色拉油，最后撒上小葱花即成。

原料

鲜草鱼	**1条（约750克）**	香葱	**10克**	盐	**适量**
郫县豆瓣酱	**30克**	料酒	**15毫升**	水淀粉	**适量**
泡辣椒酱	**15克**	白糖	**15克**	鲜汤	**适量**
蒜	**6瓣**	酱油	**适量**	香油	**适量**
姜	**15克**	醋	**适量**	色拉油	**适量**

制法

1. 将鲜草鱼宰杀治净，擦干水分，在两侧划十字花刀，抹匀盐和料酒腌10分钟；郫县豆瓣酱剁碎；蒜、姜分别切末；香葱切碎花。

2. 坐锅点火加热，注入色拉油烧至七成热时，放入草鱼炸至紧皮定型，捞出控净油分。

3. 锅内留适量底油烧热，下入郫县豆瓣酱和泡辣椒酱炒至油呈红色，续下蒜末和姜末炒出香味，烹料酒，掺入鲜汤烧沸，放入草鱼，调入白糖、酱油、醋、盐，以中火烧熟入味，把鱼铲出装盘。转旺火收汁，淋水淀粉和香油，搅匀后出锅浇在鱼身上，撒上香葱花即成。

|经典川菜|

豆瓣鱼

特色

“豆瓣鱼”是四川的一道特色传统名菜，用鲜鱼配以郫县豆瓣酱等调料烧制而成。其特点是汁色红亮、鱼肉细嫩、豆瓣味浓郁芳香、咸鲜香辣略带甜味。

|经典川菜|

水煮鱼

特色

“水煮鱼”是川菜中的一道名菜。只要是川菜馆，无论大小，几乎都有这道菜。它是把鱼肉切片，经上浆后放入调好的汤汁中煮熟，盛在汤盆中，撒上干辣椒和麻椒，再淋上烧至极热的油而成的菜品。具有红白相间、鱼肉烫嫩、麻辣鲜香、吊人胃口的特点，深受广大食客的喜爱。

原料

原料	用量	原料	用量
草鱼	1条（约1250克）	麻椒	10克
黄豆芽	150克	料酒	15毫升
鸡蛋清	2个	盐	8克
干淀粉	15克	胡椒粉	2克
干辣椒节	30克	葱花	5克
蒜	8瓣	色拉油	60毫升
姜片	10克	水煮鱼油	100毫升

制法

❶

将草鱼宰杀治净，用刀沿鱼骨平着片下鱼肉，用斜刀切成厚约 0.3 厘米的大片，放入盆中并加入鸡蛋清、3 克盐、干淀粉和 5 毫升料酒抓匀上浆，鱼骨和鱼头斩成块；黄豆芽择洗干净，用沸水烫 3 分钟，捞出控水，放在汤盆内垫底，待用；蒜、姜片拍裂。

❷

坐锅点火，注入色拉油烧至六成热，放入蒜和姜片炸出香味，掺入适量清水烧沸，调入盐、胡椒粉和料酒，先下入鱼骨块和鱼头块煮熟，捞出来装入垫有黄豆芽的汤盆里，再把上好浆的鱼肉片下入沸水锅里氽熟，捞入汤盆里。

❸

净锅上火，倒入水煮鱼油烧至四成热，下入麻椒稍炸，续下干辣椒节炸出香味，用漏勺捞出撒在鱼片上。把锅中的油升高油温，浇在汤盆中的鱼肉片上，最后撒上葱花即成（可以撒些白芝麻点缀）。

原料

鲜鲤鱼	1条（约750克）	泡辣椒蓉	20克	姜末	5克
肥肉丁	75克	料酒	15毫升	酱油	适量
笋丁	30克	醋	10毫升	盐	适量
白糖	75克	葱花	5克	骨头汤	适量
郫县豆瓣酱	40克	蒜末	5克	色拉油	适量

制法

1. 将宰杀治净的鲤鱼头朝左、尾朝右平放在案板上，左手压住鱼头，右手持刀，从距鱼鳃盖0.5厘米处直刀划下至鱼骨，然后每隔0.3厘米切一刀，直至尾部。另一面鱼体也按此法切好，用适量盐和料酒抹匀全身，腌约10分钟，备用。

2. 坐锅点火，注入色拉油烧至七成热时，放入鲤鱼炸至表皮起皱呈黄色，倒出控净油分。

3. 锅留50毫升底油烧热，下入肥肉丁煸炒出油，续下笋丁略炒，加入葱花、蒜末和姜末炒香，放入泡辣椒蓉和豆瓣酱炒香出色，烹入料酒和醋，掺入骨头汤烧沸，调入白糖、酱油和盐，放入鲤鱼，转小火烧约6分钟，翻转鱼身续烧至汁浓鱼熟入味时，出锅装盘即成。

|经典川菜|

干烧鲤鱼

特色

“干烧鲤鱼”是四川的一道传统名菜，采用四川特有的一种干烧法烹制而成，具有色泽红亮、鱼肉鲜嫩、咸鲜微辣、略带回甜的特点。

|经典川菜|

火焰鱼头

特色

这道充满诱惑的“火焰鱼头”是一道特别流行且点单率极高的川味名肴。其名字听起来就很过瘾，味道更是让人垂涎三尺。因鱼头被厚厚的辣椒碎盖上，色泽红亮，似火焰一般，故名。成品香气扑鼻，掀开红艳艳的辣椒“盖头”，夹上一块鱼头肉送入口中，肉质滑嫩肥美，鲜辣酸香在唇齿间回荡，让人胃口大开，超级过瘾！

原料

原料	用量	原料	用量	原料	用量
花鲢鱼头	1个（约1250克）	蚝油	25克	鸡精	适量
泡辣椒	100克	醪糟汁	20毫升	骨头汤	适量
泡萝卜	25克	大葱	10克	山胡椒油	适量
泡姜	20克	姜	10克	色拉油	适量
泡大蒜	20克	盐	适量	葱花	少许
泡野山椒	15克	料酒	适量		

制法

1. 将花鲢鱼头治净，在两侧肉面拉上刀口，然后从下巴切开成相连的两半；泡萝卜、泡姜切小丁；泡辣椒、泡大蒜、泡野山椒分别剁碎；大葱切段，拍松；姜切厚片，拍裂。

2. 把鱼头放入盆内，放入葱段、姜片、料酒和盐拌匀腌制 10 分钟，除去葱段和姜片后，用清水洗净鱼头，擦干水分，加入蚝油、醪糟汁、盐和鸡精拌匀，腌制备用。

3. 锅里放色拉油烧热，放入泡辣椒碎炒香出红油，再放入泡萝卜丁、泡姜丁、泡野山椒碎和泡大蒜碎一起炒香，加骨头汤、盐和鸡精炒匀，盛出备用。

4. 把腌好的鱼头放在窝盘中，盖上炒好的泡椒料，放入笼内用旺火蒸 15 分钟至熟透，取出浇上山胡椒油，点缀葱花便成。

原料

原料	用量	原料	用量
鲜鲫鱼	**2条（约500克）**	料酒	**10毫升**
肥猪肉	**15克**	生抽	**5毫升**
小米椒	**40克**	辣鲜露	**3克**
姜	**60克**	八角	**2颗**
净香葱	**30克**	盐	**适量**
蒜	**6瓣**	鸡精	**适量**
醋	**10毫升**	香油	**适量**

制法

1. 将鲜鲫鱼宰杀治净，在鱼身两侧斜切上十字花刀；肥猪肉切大片；小米椒洗净去蒂，切粒；姜洗净去皮，取10克切片，剩余切成末；净香葱取5克切段，其余切碎花；蒜拍松，切末。

2. 鲫鱼纳入盆中，加姜片、葱段、料酒、八角和少许盐腌10分钟。接着摆放在平盘里，上面盖上肥猪肉片，入笼用旺火蒸10分钟至刚熟时取出，把鲫鱼移放在另一个盘子里。

3. 与此同时，取姜末、小米椒粒、蒜末、醋、生抽、辣鲜露、盐、鸡精、香油和50毫升冷开水调匀成鲜辣味汁，淋在鲫鱼上，再撒上香葱花即成。

|经典川菜|

凉拌鲫鱼

特色

“凉拌鲫鱼”是在川内非常流行的一道菜品，即以鲫鱼为主料，经腌制并上笼蒸熟后，取出来淋上用小米椒、姜末等料调成的鲜辣味汁而成。具有色泽红亮、鱼肉细嫩、鲜辣可口、姜香味浓、清爽开胃的特点。

麻辣肥肠鱼

特色

在四川餐饮市场上，近几年比较流行的一道用肥肠同鱼搭配、采用煮的方法烹制而成“麻辣肥肠鱼”，以其色泽红亮、肥肠软烂、鱼肉滑嫩、大麻大辣、淋漓刺激的特点征服无数食客，吃了还想吃，回味无穷。

原料

原料	用量	原料	用量
鲜花鲢鱼	**1条（约1250克）**	姜片	**适量**
卤肥肠	**200克**	蒜瓣	**适量**
青笋	**200克**	盐	**适量**
麻辣火锅底料	**100克**	红薯淀粉	**适量**
干辣椒节	**25克**	色拉油	**适量**
花椒	**5克**	香菜碎	**10克**
料酒	**10毫升**	麻辣香油	**150毫升**

制法

❶

把鲜花鲢鱼宰杀治净，取下两扇带皮鱼肉，把鱼头、鱼尾及鱼骨剁成块，将鱼肉斜刀片成稍厚的大片，一起纳入盆中，加盐、料酒和红薯淀粉拌匀腌制；卤肥肠切成节，焯水；青笋去皮，切成牛舌形长条片，用冷水泡至卷曲，放入汤盆内垫底，备用。

❷

净锅放适量的色拉油烧热，下入姜片和蒜瓣炒香，放入麻辣火锅底料炒化，掺入适量开水煮沸，加盐调味，先放入鱼头块和鱼骨块煮熟，捞出放在青笋片上。接着放入鱼肉片和肥肠节稍煮，连汤带料倒在汤盆内。

❸

锅洗净重新开火，倒入麻辣香油烧热，下入干辣椒节和花椒炝香，随后倒在汤盆里，撒上香菜碎即成（可以撒些白芝麻点缀）。

原料

发好的鱼肚	300克	胡椒粉	1克
西蓝花	75克	水淀粉	15毫升
熟火腿	15克	香油	5毫升
姜	3片	化猪油	15毫升
葱	3段	色拉油	15毫升
料酒	5毫升	鲜汤	250毫升
盐	3克		

制法

1. 将发好的鱼肚用斜刀切成厚片；西蓝花分成小朵，用清水洗净；熟火腿切成细末。

2. 锅里加鲜汤烧沸，放入鱼肚片焯透，捞出过凉水，挤干水分。再放入西蓝花朵焯熟，取出控汁，趁热加盐和香油调味，将花柄朝内，在圆盘周边摆一圈，备用。

3. 净锅坐火上，放入化猪油和色拉油烧热，投入姜片和葱段炸香，倒入鲜汤烧沸一会，捞出渣料，纳入鱼肚片并调入料酒、盐和胡椒粉。待烧入味，勾水淀粉，淋香油，翻匀出锅，装在西蓝花中间，撒上火腿末即成。

|经典川菜|

白汁鱼肚

特色

“白汁鱼肚”是具有四川风味的一道名菜，即以发好的鱼肚为主料，采用白烧的方法烹制而成，具有色泽洁白、味道咸鲜、口感筋糯的特点。

|经典川菜|

泡椒墨鱼仔

特色

“泡椒墨鱼仔”是四川的一道传统名菜，以墨鱼仔为主要食材、青笋作配料，用四川泡辣椒、郫县豆瓣酱等调料调成的汤汁煮制而成，具有红白分明、赏心悦目、口感脆嫩、味道酸辣、泡椒味浓的特点。

原料

墨鱼仔	**400克**	柠檬汁	**10毫升**	酱油	**适量**
青笋	**150克**	姜	**3片**	鲜汤	**适量**
泡红灯笼椒	**100克**	大葱	**2段**	水淀粉	**适量**
郫县豆瓣酱	**45克**	白糖	**适量**	色拉油	**适量**
蒜蓉	**15克**	盐	**适量**	香油	**适量**
料酒	**15毫升**	胡椒粉	**适量**		

制法

1. 将墨鱼仔头部的黑点用牙签扎破，挤出黑色墨鱼汁，再把里面的硬心也取出来，然后用清水充分洗净；青笋去皮，切成滚刀块，用少许盐拌匀腌一会；郫县豆瓣酱剁碎。

2. 坐锅点火，倒入鲜汤烧沸，加入柠檬汁、姜片和葱段，放入墨鱼仔略焯，加入青笋块焯透，捞出沥去水分。

3. 坐锅点火炙热，倒入色拉油烧热，放入郫县豆瓣酱和蒜蓉，以小火炒香出红油，烹料酒，掺适量鲜汤，加白糖、盐、胡椒粉和酱油调好色味，待烧沸煮出味道，捞出料渣，倒入墨鱼仔、青笋块和泡红灯笼椒稍煮，淋入水淀粉和香油，搅匀后盛入汤盆内即成。

原料

鲜青虾	300克	鲜小米椒	10克	白糖	适量
菜花	250克	花椒	5克	酱油	适量
油炸花生米	15克	姜	5片	胡椒粉	适量
火锅底料	50克	蒜	5瓣	香油	15毫升
豆豉	30克	大葱	5段	色拉油	250毫升（约耗75毫升）
干朝天椒	15克	盐	适量		

制法

1. 鲜青虾去须脚，剪开背部，挑去泥肠，洗净后擦干水分；菜花分成小朵，洗净焯水；油炸花生米铡碎；干朝天椒洗净去蒂；鲜小米椒洗净去蒂，切圈。

2. 坐锅点火炙热，注入色拉油烧至七成热时，放入青虾炸至表皮焦脆，倒出控净油分。

3. 原锅复上火位，注入香油和适量色拉油烧热，下入姜片、蒜瓣和葱段炸出香味，续下花椒、干朝天椒和小米椒圈炒出香辣味，加入火锅底料和豆豉炒至熔化，放入菜花、盐、白糖、酱油和胡椒粉炒匀，倒入适量开水，放入炸好的青虾，开锅煮约3分钟，出锅盛入小盆内，撒上油炸花生碎即成。

|经典川菜|

盆盆虾

特色

这道四川风味浓厚的菜品是将鲜虾油炸后，配上蔬菜，用调好的麻辣汤汁煮至入味而成。因虾成熟后装入大盆中，故称“盆盆虾”。以其色泽红亮、肉质细嫩、麻辣鲜香、滋味浓郁的特点风行全国。

|经典川菜|

臊子海参

特色

在名扬四海的川菜宴席中，有一款以海产佳品刺参为主料，佐以上等鲜汤和酥香细嫩的肉末制成的菜品，这就是被业内外人士公认的四川海味第一菜的臊子海参。成菜具有色泽红亮、海参弹滑、咸辣香醇、家常味浓的特点。

原料

原料	用量	原料	用量	原料	用量
水发海参	**300克**	葱花	**5克**	盐	**5克**
猪肉	**75克**	姜末	**5克**	水淀粉	**15毫升**
郫县豆瓣酱	**15克**	蒜末	**5克**	鲜汤	**250毫升**
泡辣椒	**10克**	姜	**3片**	香油	**5毫升**
酱油	**10毫升**	大葱	**3段**	色拉油	**45毫升**
料酒	**10毫升**				

制法

1. 将水发海参腹内的肠杂洗净，斜刀切成大片，放在加有5毫升料酒、葱段和姜片的鲜汤中略煮，捞出沥干水分；猪肉先切成粗丝，再顶刀切成末；郫县豆瓣酱剁碎；泡辣椒去蒂，剁成蓉。

2. 坐锅点火炙热，注入15毫升色拉油烧至六成热时，下入猪肉末略炒，调入2克盐炒酥，盛出备用。

3. 炒锅复上火位，注入剩余色拉油烧热，放入郫县豆瓣酱、泡辣椒蓉、姜末和蒜末炒出红油和香味，加鲜汤烧沸后略煮，捞出料渣，加5毫升料酒、3克盐和酱油调好色味，纳入海参片和炒好的猪肉末，用小火烧制入味，转大火收汁，勾水淀粉，淋香油，撒葱花，颠匀装盘即成。

原料

原料	用量	原料	用量	原料	用量
土豆	200克	水发木耳	150克	鸡精	3克
莲藕	200克	姜	5片	花椒粉	1克
青笋	200克	大葱	3段	藤椒油	10毫升
大虾	150克	料酒	10毫升	香辣红油	60毫升
水发毛肚	150克	盐	7克	冷鸡汤	200毫升
鸡胗	150克	白糖	5克		

制法

1. 将鸡胗治净后，放入加有姜片、葱段和料酒的沸水锅里煮熟，捞出漂冷，用刀切成薄片；大虾治净，下入沸水锅中煮熟，捞出沥水晾凉；水发毛肚治净并切成小块，下入沸水锅中汆至断生，捞出放入凉开水里漂冷。

2. 把土豆、莲藕洗净去皮，分别切成薄片，用清水漂洗去表面淀粉，放入沸水锅里焯至断生，然后捞入冷水盆里漂冷；青笋去皮，切菱形片，用1克盐腌制；水发木耳撕成小朵并洗净，再放入沸水锅里汆透，捞入凉开水里漂冷。将上述加工好的食材分别用竹签穿成串，待用。

3. 把冷鸡汤倒入小盆内，加入盐、白糖、花椒粉、鸡精、藤椒油和香辣红油，搅匀成麻辣汤汁。先把荤料串串放入汤汁里浸泡10分钟，再放入素料串串浸泡5分钟至入味，即可取出食用。

|经典川菜|

冷锅串串

特色

“冷锅串串”发源于有着“天府之国”“美食之都”之称的四川，是一道具有新时代风味的美食。它是先将初步加工好的食材穿成串，再放在调好味的麻辣汤汁里浸泡入味而成的。具有用料广泛、色泽美观、口感多样、麻辣味浓、食用方便的特点。既可作街头小吃，又可登大雅之堂。

|经典川菜|

生爆盐煎肉

特色

生爆盐煎肉是川菜家常风味菜肴的代表作，与回锅肉共称为“姐妹菜”。选用肥瘦兼有的去皮五花肉加工而成，成品肉片鲜嫩、颜色深红、干香酥嫩、味道鲜美，具有浓厚的地方风味。

原料

原料	用量	原料	用量
去皮五花肉	250克	酱油	5毫升
蒜苗	150克	白糖	5克
郫县豆瓣酱	30克	盐	少许
豆豉	20克	色拉油	35毫升
大葱	10克		

制法

1. 将五花肉切成约长5厘米，宽3厘米，厚0.3厘米的薄片；蒜苗择去黄叶及根部，洗净后控干水分，斜刀切段；郫县豆瓣酱剁碎；豆豉切碎；大葱切碎花。
2. 坐锅点火，放入15毫升色拉油烧至七成热时，下入五花肉片，煸炒至出油且四周微黄时盛出。
3. 原锅重上火位，放剩余色拉油烧至六成热，投入葱花爆香，放入豆瓣酱和豆豉炒香出色，再放酱油和白糖炒匀，倒入炒好的五花肉片和蒜苗段炒至断生，调入盐，再次炒匀，出锅装盘即成。

第二篇

舌尖上的八大菜系之

经典鲁菜

鲁菜，即山东风味菜，乃我国八大菜系之一。鲁菜起源于齐鲁风味，是中国最早自成体系的菜系，发端于春秋战国时的齐国和鲁国，形成于秦汉，南北朝时已初见规模。宋代后，鲁菜就成为“北食”的代表；明清时已形成稳定流派。

鲁菜流派

鲁菜主要由以青岛、福山为代表的胶东流派，以德州、泰安为代表的济南流派，以堪称“阳春白雪”的典雅华贵的孔府流派和以临沂、济宁、枣庄、菏泽为代表的鲁西南流派，经过长期发展演变而成。

鲁菜特色

口味以咸鲜为主，擅用葱、姜、蒜增香提味；烹法以爆、扒、拔丝见长，尤以爆为世人所称道；讲究对清汤、奶汤的调制，清汤清澈见底，奶汤乳白细滑。

|经典鲁菜|

四喜丸子

菜肴故事

相传，唐玄宗时期，皇帝亲自召见中了头榜的张九龄，并把心爱的女儿许配给他。举行婚礼那天，与张九龄分别多年的父母也来到京城，合家团聚，喜上加喜。张九龄更是喜上眉梢，于是命厨师做些吉利的菜肴表示庆贺。聪明的厨师灵机一动，便用肉馅做了四个大丸子，炸熟浇汁上桌。张九龄询问菜的含意，聪明的厨师答道："此菜为'四喜丸子'。一喜，老爷头榜题名；二喜，成家完婚；三喜，做了乘龙快婿；四喜，合家团圆。"张九龄听了哈哈大笑，连连称赞。从此，"四喜丸子"一菜就作为婚宴大菜流传了下来。

特色

"四喜丸子"是一道鲁味经典家常菜肴，常作为喜宴中的压轴菜，取其吉祥团圆之意。该菜是以调味的猪肉馅做成四个大丸子，经油炸后烧制而成，具有形态圆润饱满、味道咸鲜香醇、丸子酥嫩化渣的特点。

原料

原料	用量	原料	用量	原料	用量
猪五花肉	200克	姜片	5克	盐	适量
油菜心	8棵	姜末	5克	水淀粉	适量
鸡蛋	1个	八角	2颗	鲜汤	适量
干淀粉	15克	花椒	5克	香油	适量
葱段	5克	酱油	适量	色拉油	适量

制法

1. 先将猪五花肉切成 0.3 厘米粗的丝，再切成小粒，纳入盆中，加鸡蛋、姜末、酱油、盐和干淀粉拌匀成馅，做成 4 个大小相等的丸子，投入到烧至五六成热的色拉油锅中，炸至表面呈金黄色，捞出沥去油分。

2. 锅留适量底油烧热，放入八角和花椒稍炸，续放葱段和姜片炸黄，添入鲜汤烧沸，加酱油、盐调好色味，放入丸子，用小火烧透入味。把丸子取出装在盘中。

3. 把锅里的汤汁勾入水淀粉，淋入香油，搅匀后出锅，淋在丸子上即成。

|经典鲁菜|

金钩挂银条

特色

“金钩挂银条”是山东孔府名菜，它是以绿豆芽为主料、海米作配料，经爆炒而成的，具有色泽鲜艳、清脆咸香、爽口解腻的特点。

原料

原料	用量	原料	用量
绿豆芽	**300克**	醋	**5毫升**
海米	**25克**	花椒	**数粒**
香葱	**10克**	盐	**5克**
姜	**5克**	香油	**5毫升**
料酒	**15毫升**	色拉油	**30毫升**
青、红椒丝	**少许**		

制法

❶

将绿豆芽用手掐去头和尾，留中段洗净，控干水分；海米用料酒泡软；香葱择洗净，切碎花；姜洗净，切末。

❷

坐锅点火，注入色拉油烧至六成热，放花椒炸香捞出，加海米炒干水汽，再下葱花和姜末炸香，倒入豆芽和青、红椒丝，边翻炒边顺锅淋入醋，待炒至断生，加盐和香油炒匀入味，出锅装盘便成。

原料

袋装银杏	300 克	白糖	30 克
黄瓜	1/2 根	冰糖	25 克
蜂蜜	50 克	色拉油	10 毫升
桂花酱	30 克		

制法

将银杏从袋子中取出，用食用碱水泡 5 分钟，换清水漂净碱味，放入开水锅中焯透，捞出沥干水分；黄瓜洗净，纵向剖开，斜刀切片，在一圆盘边围一圈，备用。

坐锅点火，注入色拉油，放入白糖炒成枣红色，加适量清水搅匀，放入银杏、冰糖、蜂蜜和桂花酱，先用大火烧沸，再用小火加热至黏稠，出锅装在黄瓜片中间即成。

|经典鲁菜|

诗礼银杏

特色

“诗礼银杏”是山东孔府宴中的一道独具特色的名菜，它是以银杏为主要原料，用冰糖、蜂蜜和桂花酱蜜制而成的，具有色如琥珀、晶莹饱满、甜味鲜美、桂花香味浓郁的特点，非常受女士和孩子的喜欢。

|经典鲁菜|

德州扒鸡

菜肴故事

据说，康熙三十一年（公元 1692 年），在德州城的西门外大街开有一家烧鸡铺，因店主贾建才制作烧鸡的手艺好，生意很兴隆。有一天，贾掌柜太累了，煮上鸡后就在锅灶前睡着了。一觉醒来，发现烧鸡煮过了火，便试着把鸡捞出来拿到店面上去卖。没想到却是鸡香诱人，骨酥肉嫩，吸引了很多过路行人纷纷购买、啧啧称赞。事后，贾掌柜潜心研究，改进技艺，使自己做的烧鸡更有名了。其中有一顾客食后吟道：“热中一抖骨肉分，异香扑鼻竟袭人，惹得老夫伸五指，入口齿馨长留津。”诗成吟罢，脱口而出：“好一个五香脱骨扒鸡呀！”由此，“德州扒鸡”名传四方。

特色

“德州扒鸡”是山东的传统名菜，从造型上看，鸡的两腿盘起，爪入鸡膛，双翅经脖颈由嘴中交叉而出，全鸡呈卧体，远远望去似鸭浮水，口衔羽翎，十分美观，是上等的艺术珍味。以形色美观、五香脱骨、肉嫩味醇、味透骨髓的特点受到中外食客的称赞。

原料

原料	用量	原料	用量
净肥鸡	1只	酱油	适量
饴糖	20克	盐	适量
十三香料	1小包	色拉油	适量
姜块	20克	生菜叶	适量

制法

1. 将净肥鸡的双翅交叉，自脖下刀口插入，使翅尖由嘴内侧伸出，别在鸡背上。再把腿骨用刀背轻轻砸断并交叉，将两爪塞入鸡腹内，晾干水分。

2. 将饴糖放入碗中，加15毫升温水调匀，均匀地抹在鸡身上，晾至半干，放到烧至七成热的色拉油锅中炸成枣红色，捞出沥干油分。

3. 汤锅内添适量清水烧沸，放入炸好的肥鸡、十三香料包、姜块、盐和酱油。先用旺火烧沸，撇去浮沫，再用微火焖煮2小时至鸡酥烂，即可出锅装在垫有生菜叶的盘中食用（可以点缀些青、红椒丝和葱白丝）。

|经典鲁菜|

芫爆里脊

特色

“芫爆”是山东菜系里独有的一种烹调方法。以猪里脊肉为主料、香菜梗为配料，用此法烹制的“芫爆里脊”便是一款具有山东传统风味的经典菜式，成品白绿相间、滑嫩清爽、味道咸鲜并略带胡椒粉的香辣味。因此菜注重色泽搭配、讲究刀工、要精妙运用火候，所以在厨师晋级时是必考的一道菜。

原料

原料	用量	原料	用量
猪里脊肉	200克	料酒	15毫升
香菜梗	100克	盐	3克
鸡蛋清	1个	醋	5毫升
水淀粉	10毫升	白胡椒粉	2克
葱丝	15克	鲜汤	30毫升
姜丝	10克	香油	5毫升
蒜片	10克	色拉油	120毫升

制法

❶ 将猪里脊肉上的一层筋膜去净，切成长7厘米、宽0.3厘米的细丝，放在清水中浸泡，洗净血沫，挤去水分；香菜梗洗净，切成4厘米长的段。

❷ 将里脊丝放在碗里，加入料酒、1.5克盐、鸡蛋清和水淀粉拌匀上浆，再加入10毫升色拉油拌匀；用鲜汤、醋、1.5克盐、白胡椒粉和香油对成清汁。

❸ 炒锅上火炙热，注入色拉油烧至四成热时，下入里脊丝滑散至熟，倒出控油；锅留适量底油烧热，倒入里脊丝、香菜段、葱丝、姜丝、蒜片和清汁，快速颠翻均匀，出锅装盘即成（可以点缀少许胡萝卜丝）。

原料

原料	用量	原料	用量
豆腐	***250*** **克**	蒜末	***3*** **克**
白菜心	***200*** **克**	盐	***5*** **克**
料酒	***10*** **毫升**	奶汤	***500*** **毫升**
葱花	***5*** **克**	熟鸡油	***5*** **毫升**
姜末	***3*** **克**	色拉油	***15*** **毫升**

制法

将豆腐放入蒸笼内蒸 10 分钟，取出沥干水分，切成厚约 0.5 厘米的大三角片；白菜心用手撕成不规则的块。将两者放入开水锅中焯透，捞出控干水分。

坐锅点火，注入色拉油烧热，放入姜末、葱花和蒜末炸黄出香，加入奶汤，放入白菜心和豆腐片，加入盐和料酒调味，煮沸后撇去浮沫，待将食材煮透入味，淋上熟鸡油，出锅盛入汤盆内便成（可以撒少许胡萝卜丁点缀）。

|经典鲁菜|

三美豆腐

特色

“三美豆腐”是山东泰安的一道风味名菜，它是由白菜、豆腐和水烹制而成的，以其汤汁乳白、豆腐软滑、白菜软烂、味道鲜香的特点流传至今，驰名中外。

|经典鲁菜|

扒鱼福

菜肴故事

山东的传统名菜“扒鱼福”，是在“氽鱼丸子”的基础上发展而来的。据说，福山有个财主非常喜欢吃“氽鱼丸子”，几乎达到每顿必吃的地步。这天，厨师的手被割破，不能用手挤丸子，于是他就用汤匙一个个挖着放入锅里，结果氽出的丸子两头尖、中间粗，酷似银元宝。财主问厨师这叫什么菜，厨师见此情景，灵机一动，脱口而出“氽鱼福”这个名字，财主非常高兴，大赏了厨师。此菜后来被发展成用“扒”的烹调方法来做，这就是被称为山东名菜的“扒鱼福”。

特色

“扒鱼福”为一款山东风味的传统名菜，它是将调好味的鱼蓉做成两头尖的丸子，经氽、烧而成，具有成形美观、口感软嫩、鲜香味美的特点。

原料

原料	用量	原料	用量
鲜草鱼	1条（约750克）	料酒	15毫升
猪肥肉	75克	姜泥	5克
西蓝花	100克	盐	5克
鸡蛋清	2个	水淀粉	10毫升
干淀粉	15克	香油	3毫升

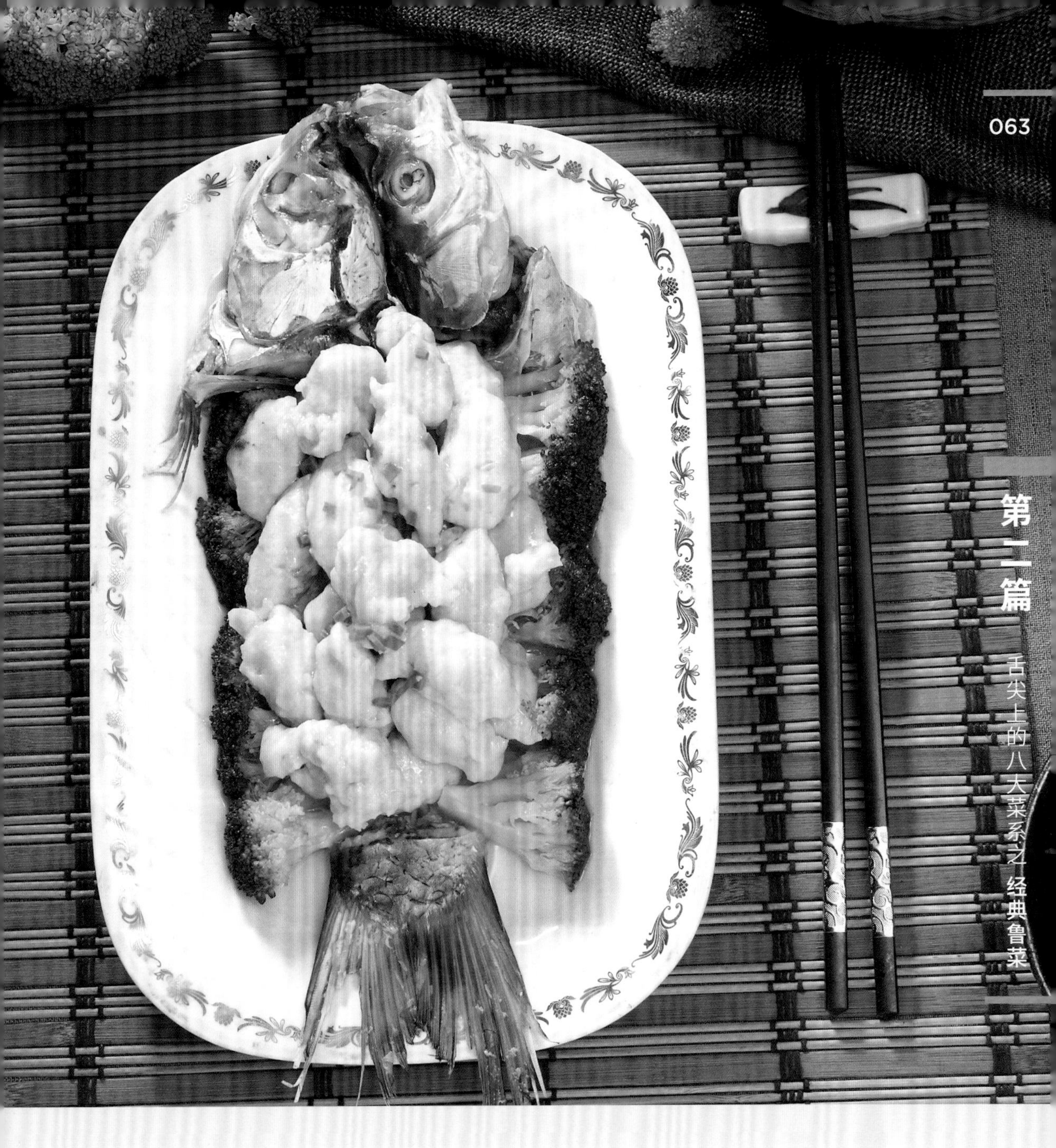

制法

① 将鲜草鱼宰杀治净，剁下鱼头和鱼尾，把鱼中段剔下鱼肉，切成小丁，同切成丁的猪肥肉合在一起剁成细蓉；西蓝花掰成小朵，焯水投凉，备用。

② 将肉蓉放在小盆内，加入2克盐、鸡蛋清、姜泥和干淀粉，顺向搅拌上劲；将鱼头从下巴切开至脑部，使根部相连，再用刀拍扁，用1克盐和料酒抹匀，腌10分钟。

③ 锅内添适量清水，上火烧至微开时，左手抓肉蓉从虎口挤出，右手取羹匙刮下，使其呈两头尖的元宝形，放入水锅中汆熟，捞出待用；将鱼头和鱼尾各摆在条盘的两端，上笼用旺火蒸12分钟，保温待用。

④ 锅内放入适量汆肉蓉的汤，加入剩余的盐调味，纳入西蓝花烧至入味，再放入丸子略烧，勾水淀粉，淋香油，出锅盛在鱼的头尾间，即可上桌。

|经典鲁菜|

拔丝苹果

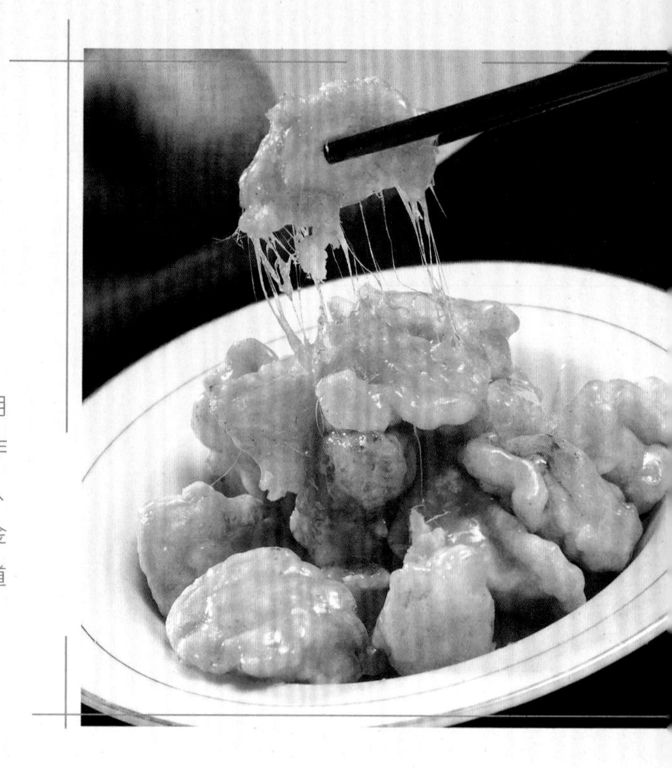

特色

“拔丝苹果”为山东地区著名的甜菜，它选用山东烟台的青香蕉苹果为原料，经过挂糊油炸后，裹上炒好的糖浆拔丝而成。此菜色泽金黄、外脆里嫩、香甜可口。一上桌，你拉我拽，金丝满盘，其乐融融，是宴席上颇受欢迎的一道甜肴。

原料

苹果	**2个**	熟白芝麻	**5克**
面粉	**50克**	白糖	**120克**
淀粉	**30克**	色拉油	**250毫升（约耗40毫升）**

制法

1. 将苹果洗净，削去外皮，剖开剜去核，切成滚刀小块，用清水泡上；取30克面粉和淀粉放在小盆内，加适量清水调匀成稀稠适度的水粉糊。

2. 坐锅点火，注入色拉油烧至五成热时，先将苹果块拍上一层面粉，再挂上水粉糊，下入油锅中浸炸至表皮金黄且外焦内透时，倒在漏勺内沥油。

3. 原锅复上火位，放入白糖和30毫升清水，用手勺不停地推炒至白色泡沫消失后，糖液变稀，中间又泛起些许小鱼眼泡时，倒入炸好的苹果块，边颠翻边撒入白芝麻，待糖浆和白芝麻全部裹在食材上时出锅，装在抹有一薄层油的盘中，随一碗冷开水上桌，蘸食。

原料

北豆腐	**400 克**	盐	**适量**	香油	**适量**
鸡蛋	**2 个**	胡椒粉	**适量**	色拉油	**适量**
葱白	**5 克**	干淀粉	**适量**	鲜汤	**200 毫升**
姜	**5 克**	水淀粉	**适量**	料酒	**适量**
酱油	**适量**				

制法

将北豆腐切成 0.5 厘米厚的骨牌片，放在盘中，撒上盐、料酒和胡椒粉拌匀腌味；鸡蛋磕入碗内，用筷子充分搅匀；葱白、姜分别切末。

2

坐锅点火炙热，舀入色拉油烧至六成热，将每片豆腐先沾匀一层干淀粉，再裹匀鸡蛋液，放入锅中，煎至两面成金黄色，铲出待用。

3

锅留适量底油复上火位，下葱末和姜末炸香，添入鲜汤，加入酱油、盐和胡椒粉调好色味，放入煎好的豆腐，以中火塌至入味汁少时，淋入水淀粉和香油，翻匀后整齐地装入盘中即成（可以撒些葱花和胡萝卜丁点缀）。

|经典鲁菜|

锅塌豆腐

特色

“锅塌豆腐”为一道山东的经典菜品，它是以豆腐为主要原料，经过改刀、拍粉、拖蛋液、油煎后，再用调味的鲜汤塌制而成，具有色泽黄亮、酥软鲜嫩、味道咸香的特点。

|经典鲁菜|

博山豆腐箱

特色

“博山豆腐箱”是一道闻名遐迩的山东地方代表菜，它是以掏空的豆腐块为箱，装入猪肉馅料，经蒸制而成，以其形如金箱、软嫩鲜香、味道醇美的特点，登上了人民大会堂国宴之列，引起了中外客人的极大兴趣。

原料

原料	用量	原料	用量
豆腐	300克	姜末	5克
猪肉末	150克	蒜片	5克
水发木耳	30克	酱油	5毫升
竹笋	30克	盐	3克
西红柿	25克	鲜汤	适量
水发海米	10克	色拉油	适量
葱末	5克	水淀粉	适量

制法

❶ 豆腐上笼蒸15分钟，取出浸凉，切成长7厘米、宽3.5厘米、高4厘米的长方块，放到烧至六成热的油锅中炸成金黄色，捞出来控净油分，用小刀切开一面，挖出里面的豆腐，使其成“箱”状；竹笋、水发海米和20克水发木耳分别切末；西红柿切小丁。

❷ 坐锅点火，注入色拉油烧至六成热，下入葱末和姜末爆香，倒入猪肉末炒散变色，加入酱油调色，再加入木耳末、竹笋末、盐和海米翻炒半分钟，盛出后填在挖空的豆腐内，压实即成“博山豆腐箱”生坯，逐一做完，装盘上笼蒸10分钟，取出。

❸ 与此同时，锅随适量底油上火，下蒜片爆香，加鲜汤、西红柿丁和剩余木耳，烧沸后调入盐和酱油，勾水淀粉搅匀，起锅淋在豆腐箱上便成。

|经典鲁菜|

山东蒸丸

特色

“山东蒸丸”乃山东的一道特色传统名菜，它是以猪肉馅为主料，加上虾米、木耳、鹿角菜、白菜、鸡蛋等配料，调味后制成丸子蒸熟，再配上调味的酸辣汤制成的半汤半菜，具有肉丸细嫩、酸辣鲜美、开胃下饭的特点。

原料

原料	用量	原料	用量	原料	用量
猪五花肉	**200 克**	香菜	**15 克**	盐	**适量**
水发木耳	**25 克**	鸡蛋	**1 个**	醋	**适量**
白菜叶	**25 克**	葱白	**10 克**	胡椒粉	**适量**
鹿角菜	**25 克**	姜	**5 克**	高汤	**适量**
水发海米	**15 克**	水淀粉	**20 毫升**	香油	**适量**

制法

❶

猪五花肉先切成小丁，再剁成泥；水发木耳择洗干净，切末；白菜叶剁成末；鹿角菜切成粒；水发海米洗净，切末；香菜洗净，切末；葱白切末；姜洗净，切末。

❷

猪肉泥放入小盆内，加入鸡蛋、盐、胡椒粉、部分葱末、姜末和水淀粉拌匀，再加入鹿角菜粒、白菜末、海米末、木耳末和部分香菜末，再次拌匀，挤成核桃大小的丸子，放入盘中，上笼蒸 8 分钟至熟透，取出放在汤盆内。

❸

汤锅坐火上，添入高汤烧沸，加盐、胡椒粉和醋调好酸辣味，倒在盛有丸子的汤盆内，撒上剩余香菜末和葱末，淋上香油即成（可撒少许胡萝卜丁点缀）。

原料

原料	用量	原料	用量
熟大肠	300 克	酱油	15 毫升
香菜梗	10 克	盐	2 克
姜	3 片	胡椒粉	2 克
大葱	3 段	肉桂粉	1 克
料酒	25 毫升	砂仁粉	少许
白糖	50 克	花椒油	15 毫升
米醋	30 毫升	色拉油	适量

制法

将熟大肠切成 2 厘米长的段，放入加有葱段、姜片和 15 毫升料酒的开水锅中焯一下，捞出沥干水分，趁热与少许酱油拌匀；香菜梗切碎。

②

坐锅点火，注入色拉油烧至七成热时，放入大肠段炸至色泽浅黄，倒出沥净油分。

③

锅中留适量底油，放入 15 可白糖炒成枣红色，倒入大肠段炒匀上色，烹 10 毫升料酒，掺适量开水，加入米醋、盐、胡椒粉和剩余白糖，先用大火烧开，再用慢火煨至汁黏稠，加入肉桂粉和砂仁粉，淋入花椒油，翻匀装盘，撒上香菜梗碎即成。

|经典鲁菜|

九转大肠

特色

“九转大肠”是山东最著名的菜肴之一。原名叫红烧大肠，因制作时像道家“九炼金丹”一样精工细作，故改名叫“九转大肠”。该菜是将熟大肠切段油炸，用糖色炒上色后，再用调好味的汤汁小火煨制而成，具有红润油亮、造形美观、酥软香嫩、咸鲜酸甜的特点。

油爆腰花

特色

“油爆腰花”这道传统经典鲁菜，是以猪腰子为主料，经过切花刀后，采用油爆的方法烹制而成，具有形美色艳、咸鲜味香、腰花脆嫩的特点。因此菜最讲究火候和刀工，所以是厨师晋级考核的必考菜品。

原料

猪腰子	**2个**	青、红椒片	**适量**
水发木耳	***25*克**	水淀粉	**适量**
嫩笋尖	***25*克**	鲜汤	**适量**
花椒水	**适量**	花椒油	**适量**
酱油	**适量**	色拉油	**适量**
盐	**适量**	白糖	**少许**

制法

1. 将猪腰子的表层薄膜撕去，用平刀片为两半，剖面朝上，剔净白色腰臊。接着用坡刀划成刀距为0.3厘米、深为厚度3/4的一字刀口，再转一角度，用直刀划成与坡刀相交成直角、刀距0.2厘米、深为厚度4/5的一字刀口，最后改刀成长条块，放在花椒水中泡10分钟；水发木耳择洗干净，撕成小片；嫩笋尖切片。

2. 锅内放清水烧开，放入腰花焯至卷曲，捞出用清水洗两遍，控尽水分；用鲜汤、酱油、盐、白糖、水淀粉调成芡汁，待用。

3. 炒锅上火加热，放色拉油烧至六成热时，下入腰花过一下油，倒出沥油；锅留适量底油，下入葱花和蒜片炸香，放入笋片、木耳和青、红椒片略炒，倒入腰花和芡汁，快速颠翻均匀，淋花椒油，出锅装盘便成。

|经典鲁菜|

炸脂盖

特色

“炸脂盖”为鲁菜系里的一道传统名菜，它是以羊五花肉为主料，经过调味蒸熟，再挂糊油炸而成，具有色泽金黄、外皮酥脆、羊肉软烂、味道香醇的特点。

原料

原料	用量	原料	用量	原料	用量
羊五花肉	400克	盐	适量	色拉油	适量
鸡蛋	2个	生菜叶	适量	葱条	1小碟
料酒	15毫升	酱油	适量	甜面酱	1小碟
葱段	10克	胡椒粉	适量	干淀粉	适量
姜片	10克	清汤	适量		

制法

1. 羊五花肉洗净，切块，放在沸水锅里焯透捞出，放在大碗里，加入盐、料酒、胡椒粉、酱油、葱段、姜片和清汤，上笼蒸至熟烂，取出沥去汤汁。

2. 鸡蛋磕入碗内，加入干淀粉调匀成鸡蛋糊，待用。

3. 坐锅点火，注入色拉油烧至六成热时，将羊肉块挂匀鸡蛋糊下入油锅，炸透呈金黄色时，捞出控油，装入垫有生菜叶的盘中，随葱条和甜面酱碟上桌即成。

原料

净鸭子	1只	桂皮	1小块	白糖	适量
净鸽子	1只	八角	3颗	水淀粉	适量
姜	5片	料酒	10毫升	香油	适量
大葱	3段	酱油	适量	色拉油	适量
花椒	20粒	盐	适量		

制法

将净鸭子、净鸽子的脊背分别开刀，纳入盆中并加入盐、料酒和酱油拌匀腌入味，放入烧至七成热的色拉油锅中炸成浅红色，捞出控油。

2

花椒、桂皮和八角用纱布包好，同大葱段和姜片放入鸭子的腹内，和鸽子一起放入砂锅内，倒入开水，加酱油、盐、白糖调好色味，置于大火上烧沸，转小火炖烂入味，取出鸭子和鸽子装盘。

3

再将汤汁入锅烧沸，用水淀粉勾芡，淋香油，出锅浇在食物上即成（可以点缀些火腿肠片和香葱段）。

|经典鲁菜|

带子上朝

特色

“带子上朝”是一道山东特色传统名菜，也是孔府宴中的一道大菜。它是用一只鸭子和一只鸽子经油炸、红烧而成，一大一小放入盘中，寓意孔府辈辈做官，代代上朝。成菜具有造型美观大方、色泽红润油亮、肉质酥烂香醇、味道咸鲜可口的特点。

锅烧肘子

特色

“锅烧肘子”为山东久负盛名的传统风味菜，是在古老的锅烧肉的基础上演变而来。其制法精细，工序复杂，需经水煮、蒸制、挂糊、油炸等过程，两次改刀，方可装盘。成菜色泽金黄、外酥里嫩、干香无汁、肉鲜味美、肥而不腻。上席时佐以大葱、花椒盐、甜面酱和荷叶饼，别有一番风味。

原料

原料	用量	原料	用量
带皮去骨猪前肘	**1个**	酱油	**适量**
鸡蛋	**1个**	醋	**适量**
面粉	**25克**	花椒盐	**适量**
淀粉	**25克**	盐	**适量**
料酒	**10毫升**	色拉油	**适量**
姜	**5片**	葱条	**1小碟**
大葱	**3段**	甜面酱	**1小碟**
八角	**2颗**	荷叶饼	**数个**
花椒	**数粒**		

制法

1. 将猪前肘皮上的污物刮洗干净，放入开水锅里煮到八成熟时，捞出晾凉，切成大片，皮朝下摆入蒸碗里，加入酱油、醋、葱段、姜片、花椒、八角、料酒、盐和开水，上笼蒸约1小时至酥烂，取出沥汁备用。

2. 将鸡蛋、淀粉和面粉放入碗内，加入适量水和少许酱油调匀成糊，取一半倒于平盘上，放上猪肘片摊平，再把剩余的蛋糊抹在上面。

3. 坐锅点火，注入色拉油烧至六成热时，放入挂糊的猪肘片炸至表面金黄且酥脆时，捞出控净油分，改刀成条，整齐地装在盘中，撒上花椒盐，随葱条、甜面酱和荷叶饼上桌即成。

|经典鲁菜|

汤爆双脆

特色

“汤爆双脆”为鲁菜系里的一道传统名菜，它是以猪肚尖和鸭胗为主料，采用汤爆的方法烹制而成，具有质感脆嫩、汤汁鲜美的特点。

原料

原料	用量	原料	用量
猪肚尖	**2个**	盐	**适量**
鸭胗	**3个**	胡椒粉	**适量**
料酒	**10毫升**	清鸡汤	**适量**
葱结	**10克**	卤虾油	**1小碟**
姜片	**10克**	香菜段	**1小碟**
食用碱	**15克**		

制法

1. 将猪肚尖去除肚皮、油污和筋膜，洗净，改切成1厘米宽的条；鸭胗剖开洗净，去皮，每只切成4块，都划上花刀。

2. 将改刀的猪肚和鸭胗放入用食用碱和水配成的浓度为5%的碱溶液中泡10分钟，再用清水反复漂洗，待去尽碱味后，放入装有料酒、葱结、姜片的沸水锅中烫至八九成熟，捞出沥去水分，盛入盘中。

3. 在烫猪肚、鸭胗的同时，用另一口锅放入清鸡汤，加盐、胡椒粉调好口味，倒在大碗内，立即随猪肚、鸭胗和卤虾油、香菜段上桌。当着顾客的面，把肚胗倒在汤碗内，即可食用。

原料

净肥鸡	1只	炖鸡料	1包
干淀粉	25克	糖色	15克
面粉	25克	盐	10克
姜片	10克	花椒盐	5克
葱结	10克	色拉油	500毫升

制法

1. 将净肥鸡切去屁股，焯水后放在已烧开的水锅中，加入姜片、葱结和炖鸡料包，调入糖色和 8 克盐，以小火卤约 2 小时至酥烂，捞出沥汁。

2. 将干淀粉和面粉放入盆中，加入剩余的盐和清水，调匀成稀稠适当的糊，再加入 15 毫升色拉油调匀成酥糊，待用。

3. 坐锅点火，注入色拉油烧至六成热时，将卤好的肥鸡周身挂匀酥糊，下入油锅中炸至定型，再用漏勺托住肥鸡，浸炸至金黄酥脆，捞出控净油分，剁成块状，按原形整齐地装在盘中，撒上花椒盐即成。

|经典鲁菜|

香酥鸡

特色

鲁菜中有一款鼎鼎大名的炸菜，叫做“香酥鸡”。它是先将肥鸡卤熟后，再挂上酥糊油炸而成的，具有色泽金红、外表酥脆、肉质软烂、味道浓香的特点。

|经典鲁菜|

黄焖栗子鸡

特色

“黄焖栗子鸡”为山东的一道传统名菜，它是以嫩肥鸡作主料，搭配栗子肉黄焖而成，具有黄亮油润、鸡肉软嫩、栗子绵糯、味道香浓的特点。

原料

原料	用量	原料	用量
嫩肥鸡	**1只**	葱花	**适量**
栗子肉	**150克**	姜片	**适量**
鸡蛋	**2个**	香油	**适量**
干淀粉	**20克**	色拉油	**适量**
料酒	**适量**	白糖	**少许**
盐	**适量**	花椒	**数粒**
酱油	**适量**	八角	**2枚**

制法

❶

将嫩肥鸡宰杀治净，剁去爪尖和鸡屁股，然后剁成小块，用清水洗净，挤干水分；栗子肉一切为二。

❷

肥鸡纳入盆中，加入料酒、盐和酱油拌匀腌5分钟，再加入鸡蛋和干淀粉，用手充分抓匀，使其表面均匀地挂上薄薄一层蛋糊，下入烧至六七成热的油锅中炸成金黄色，捞出控油。

❸

锅留底油上火，炸香葱花、姜片、花椒和八角，掺入适量开水，加酱油、盐和白糖调好色味，放入炸过的鸡块，盖严锅盖，用微火焖约30分钟，再放入栗子肉，加盖续焖至软烂，收浓汤汁，淋香油，出锅装盘即成（可撒些葱花和胡萝卜丁点缀）。

原料

鸡脯肉	**150克**	冬笋片	**适量**	蒜	**2瓣**
肥肉	**50克**	鸡蛋清	**1个**	盐	**适量**
马蹄	**25克**	干淀粉	**15克**	色拉油	**适量**
香菇片	**适量**	葱椒酒	**15毫升**	奶汤	**1000毫升**
火腿片	**适量**	姜	**5克**	香菜段	**适量**

制法

将鸡脯肉、肥肉分别剁成细泥；马蹄拍松，剁成细末。将三者放在一起，加入盐、鸡蛋清和干淀粉拌匀成馅。姜、蒜分别切片，待用。

2

坐锅点火炙热，放入色拉油布匀锅底，把肉馅做成核桃大小的丸子，放入锅中，煎至表面呈金黄色，铲出待用。

3

将煎好的丸子放入大碗内，放上姜片、蒜片、香菇片、火腿片和冬笋片，加入盐、葱椒酒和150毫升奶汤，上笼用中火蒸约20分钟，取出翻扣在汤盆里。再把剩余的奶汤烧开，加盐调味，倒在汤盆里，淋上香油，撒上香菜段即成（还可以再撒些葱花和胡萝卜丁点缀）。

|经典鲁菜|

奶汤鸡脯

特色

“奶汤鸡脯”为山东的一道传统名菜，它是以鸡脯肉为主料，经制泥调味、做成丸子油煎后，加奶汤烹制而成。具有汤汁乳白、鸡脯浅黄、咸鲜香醇的特点。

|经典鲁菜|

酱爆鸡丁

特色

“酱爆鸡丁”是鲁菜中的一款代表菜，它是以鸡肉为主料，搭配甜面酱和黄酱爆炒而成的。具有色泽酱红明亮、鸡丁滑嫩爽口、味道咸甜鲜香、酱汁紧裹原料、酱香味浓郁的特点。

原料

原料	用量	原料	用量	原料	用量
鸡脯肉	**200 克**	稀黄酱	**30 克**	葱姜水	**75 毫升**
葱白	**50 克**	白糖	**40 克**	花椒油	**适量**
鸡蛋液	**50 克**	料酒	**15 毫升**	色拉油	**适量**
干淀粉	**15 克**	水淀粉	**10 毫升**	酱油	**适量**
甜面酱	**30 克**				

制法

1. 将鸡脯肉上的筋络剔净，在其两面划上深而不透的一字花刀，然后切成小指粗的条，再切成 0.8 厘米见方的丁；葱白切成 2 厘米长的段。

2. 鸡丁纳入碗中，先加 10 毫升葱姜水和 5 毫升料酒拌匀，再加少许盐抓匀，最后放入鸡蛋液和干淀粉拌匀上浆；将甜面酱、稀黄酱放在小碗内，加入料酒和葱姜水调匀成酱汁，备用。

3. 坐锅点火，注入色拉油烧至五成热时，分散下入鸡丁，滑熟至呈白色时，倒在笊篱内沥油；锅留底油复坐火上，倒入调好的酱汁，以小火炒出酱香味，加酱油和白糖调好色味，倒入鸡肉丁和葱段翻炒均匀，勾入水淀粉，淋上花椒油，晃锅翻匀，装盘即成。

原料

净肥鸭	**1只**	花椒	**数粒**
水发冬菇	**25克**	料酒	**10毫升**
冬笋	**25克**	盐	**适量**
火腿	**25克**	保鲜膜	**1大张**
大葱	**3段**		

制法

将净肥鸭去嘴留舌，砸断腿骨和翅膀根，放入沸水锅中汆3分钟，捞出洗净污沫，再放入汤锅中煮至八成熟，捞出剔去大骨；水发冬菇去蒂；冬笋、火腿分别切片。把冬菇片和冬笋片用开水汆烫，捞出备用。

2

将鸭胸朝下放入大蒸碗内，再把鸭骨放在上面，加入冬菇片、冬笋片、火腿片、葱段、花椒、开水、料酒、盐，用保鲜膜封口，上笼用大火蒸约1.5小时至酥烂，取出揭去保鲜膜。

3

把肥鸭腹朝上放入汤盆里，再把冬菇片、冬笋片和火腿片呈一定的图案摆在鸭腹上，最后把鸭汤过滤，灌入汤盆内即成（可以撒些葱花点缀）。

|经典鲁菜|

神仙鸭子

特色

“神仙鸭子”为山东孔府的一道传统名菜，它是用肥鸭搭配冬菇、冬笋、火腿等食材，经煮、蒸而成，具有色泽素雅、鸭肉酥烂、香而不腻、滋味鲜美的特点。因其蒸制时用保鲜膜封口，蒸熟后揭开保鲜膜时，可见鸭肉白嫩，原汁原味，气味芬芳，真不愧“神仙鸭子”的称号。

|经典鲁菜|

干蒸加吉鱼

特色

“干蒸加吉鱼”是山东名贵的传统风味菜肴，素雅美观，鱼肉鲜嫩，味道咸香，久食不腻，常作为高档筵席之大件菜。特别是此菜还有回锅做汤的习惯，到最后将鱼的骨刺收集起来，可以组成一个“羊”的形状，作为饭后欣赏。

原料

原料	用量	原料	用量
加吉鱼	**1条（约750克）**	葱花	**10克**
水发香菇	**2朵**	盐	**适量**
瘦火腿	**15克**	料酒	**适量**
猪肥肉	**10克**	胡椒粉	**适量**
姜	**3片**	化猪油	**30毫升**

制法

1. 将加吉鱼刮净鳞片后，在鱼肛门处横切一刀口，从鱼鳃处取出内脏，洗净后擦干水分，在鱼身两侧划上刀距为3厘米、深度至鱼骨的斜刀口；水发香菇去蒂；瘦火腿、猪肥肉分别切成长方片，待用。

2. 锅坐火上，添入清水烧开，加少许料酒，手提鱼尾放入水中烫5秒钟，立即捞出，放在装有冷水的盆中，洗净血污和黏液，用干洁布擦干水分，抹匀盐、料酒和胡椒粉，摆在盘中。

3. 将香菇、火腿片和猪肥肉片岔色摆在鱼体刀口内，再淋上化猪油，放上葱花和姜片，入笼用旺火蒸约15分钟，取出拣去姜片，即可上桌。

原料

活草鱼	1条	大葱	3段
黄酱	75克	葱姜水	适量
白糖	20克	盐	适量
料酒	15克	高汤	适量
姜	5片	色拉油	适量
葱花	5克		

制法

1

将活草鱼宰杀治净，在两面划上一字花刀，加入葱段、姜片、料酒和盐拌匀腌15分钟。

2

汤锅坐火上，添入适量清水烧沸，放入草鱼烫一下，捞出放在冷水盆里，刮洗去表面黏液和腹内黑膜，再换清水洗一遍，控干水分。

3

坐锅点火加热，放入色拉油烧至五成热，下入黄酱，用小火炒香，烹料酒，加葱姜水和高汤烧开，放入白糖和草鱼，用小火烧10分钟，翻面后续烧5分钟至熟且入味，取出草鱼装盘，原汤自然收浓，浇在鱼身上，撒上葱花即可上桌。

|经典鲁菜|

酱汁活鱼

特色

“酱汁活鱼”为山东传统风味鲁菜，它是以活鱼为主料，经过初加工后，不炸不煎，放入酱汤中烧制而成，具有褐红明亮、咸中带甜、酱香浓郁的特点，是一道健康的好菜。

|经典鲁菜|

烩乌鱼蛋汤

特 色

“烩乌鱼蛋汤”为鲁菜系的第一名汤，它是以水发好的乌鱼蛋作主料，采用汆的方法烹制而成，具有酸辣鲜香、开胃利口的特点。

原 料

水发乌鱼蛋	**100 克**	酱油	**少许**
香菜	**25 克**	香油	**少许**
醋	**40 毫升**	水淀粉	**适量**
料酒	**10 毫升**	清鸡汤	**500 毫升**
胡椒粉	**5 克**	盐	**适量**

制 法

❶

将水发乌鱼蛋在沸水中煮透，剥去外皮，撕成榆树钱状的片；香菜择洗干净，切成碎末。

❷

汤锅坐火上，添入清鸡汤烧开，加料酒，放入乌鱼蛋片焯一下，捞出来沥净水分。

❸

汤锅重新坐火上，放入酱油、盐和氽好的乌鱼蛋片，烧开，撇去浮沫，用水淀粉勾成薄芡，搅匀离火，放入醋、香油，撒上香菜末和胡椒粉，出锅盛入汤盆里即成。

原料

黄花鱼肉	**200 克**	白糖	**5 克**
鸡蛋	**4 个**	盐	**5 克**
鲜牛奶	**100 毫升**	料酒	**5 毫升**
醋	**45 毫升**	胡椒粉	**1 克**
姜末	**10 克**	香油	**3 毫升**
干淀粉	**5 克**	色拉油	**50 毫升**

制法

1. 将黄花鱼肉切成 1 厘米见方的丁，纳入碗中，加 2 克盐、料酒和干淀粉拌匀，再加 10 毫升色拉油拌匀；鸡蛋磕破，蛋黄和蛋清分别入碗，各加入 1 克盐搅匀，再把鲜牛奶加入鸡蛋清内搅匀。

2. 姜末入碗，加入醋、香油、胡椒粉、白糖和剩余的盐调匀成姜醋汁，待用。

3. 坐锅点火加热，注入色拉油烧热，放入黄花鱼肉丁炒散变色，倒入鸡蛋黄和鸡蛋清慢慢推炒至凝结，转大火，烹入姜醋汁炒匀，出锅装盘即成（可以撒些葱花和胡萝卜丁点缀）。

|经典鲁菜|

赛螃蟹

特色

“赛螃蟹”为鲁菜的代表菜之一，是以黄花鱼肉为主料，配以鸡蛋，加入各种调料炒制而成的菜肴，具有鱼肉雪白似蟹肉、鸡蛋金黄如蟹黄、入口滑嫩、咸鲜微酸的特点。因其不是螃蟹，却胜似蟹味，故名“赛螃蟹”。

|经典鲁菜|

糖醋鲤鱼

特色

山东济南北临黄河，盛产著名的“黄河鲤鱼”。用它烹制的“糖醋鲤鱼”极具特色，鱼头鱼尾高翘，尽显跳跃之势，寓意“鲤鱼跃龙门”。此菜采用炸熘之法烹制而成，具有色泽红亮、外焦内嫩、酸甜可口的特点。

原料

原料	用量	原料	用量
鲤鱼	**1条（约750克）**	料酒	**15毫升**
鸡蛋	**2个**	蒜末	**10克**
面粉	**30克**	酱油	**5毫升**
干淀粉	**30克**	盐	**5克**
白糖	**75克**	水淀粉	**15毫升**
醋	**50毫升**	色拉油	**适量**
番茄酱	**25克**	葱段	**适量**
香油	**适量**	姜片	**适量**

制法

1. 将治净的鲤鱼两面划上牡丹花刀，置于盘中，放上料酒、3克盐、葱段和姜片，拌匀腌15分钟；鸡蛋磕入碗中，放入面粉、干淀粉、1克盐和适量水调匀成蛋糊。

2. 坐锅点火，注入色拉油烧至六成热时，将腌好的鲤鱼挂上蛋糊，粘满鱼身及刀缝处，左手提鱼尾使刀口张开，右手舀热油浇淋。待其结壳定型后，放入油锅中浸炸至九成熟时捞出；待油温升高到七八成热时，下入鲤鱼，复炸至熟且呈金红色，捞起沥油，装入鱼盘中，用干洁布盖在鱼上，用手轻轻压松。

3. 锅留适量底油烧热，炸香蒜末，下番茄酱炒散至出红油，放适量开水，加酱油、白糖、醋和剩余的盐调好酸甜味，勾水淀粉，淋香油推匀，再加30毫升热油搅匀，出锅浇在炸好的鲤鱼上即成（可以撒些熟青豆和胡萝卜丁点缀）。

|经典鲁菜|

烹对虾段

特色

“烹对虾段”为山东的一道经典名菜，它是以对虾为主要原料，经改刀、拍粉、油炸后，采用炸烹的方法烹制而成，具有金红油润、外酥内嫩、口味咸鲜、略带回甘的特点。

原料

对虾	10只	蒜末	5克	胡椒粉	适量
香菜梗	15克	料酒	10毫升	白糖	适量
干淀粉	25克	盐	适量	鲜汤	适量
葱花	5克	酱油	适量	香油	适量
姜末	5克	醋	适量	色拉油	适量

制法

1. 将对虾去头留尾，顶刀切成3段，纳入盆中并加料酒、盐、胡椒粉腌味，再加干淀粉拌匀，使虾表面及刀口处沾匀；取一小碗，放入醋、酱油、盐、白糖、胡椒粉、蒜末、香菜梗及鲜汤，对成红色卤汁，待用。

2. 炒锅置火上，注入色拉油烧至六成热时，投入虾段炸至八成熟捞出；待油温升高，再次下入虾段，复炸至皮酥色红时，倒出沥油。

3. 锅内留适量底油烧热，下葱花和姜末炸香，倒入炸好的虾段和对好的卤汁，快速翻匀，淋香油，装盘便成（可撒些香菜梗点缀）。

原料

原料	用量	原料	用量
大虾	10只	酱油	适量
番茄酱	15克	盐	适量
葱节	5克	水淀粉	适量
姜片	5克	色拉油	适量
料酒	20毫升	鲜汤	200毫升
白糖	15克		

制法

1. 大虾剪去须、足，用刀顺脊背划开，挑出虾线。再用剪刀在头部剪一小口，挑出沙包，然后洗净，控干水分。

2. 净锅上火，注入色拉油烧至六成热时，投入大虾，炸至上色，倒出沥油。

3. 锅留适量底油烧热，炸香葱节和姜片，加入番茄酱略炒，掺鲜汤，加料酒、酱油、白糖、盐调好口味，纳入过油的大虾，加盖以小火焖约3分钟至汁少时，把虾夹出整齐装盘。再转大火，在汤汁内加适量热油，待熬浓时，勾水淀粉，搅匀后淋在大虾上即成（可放些欧芹点缀）。

|经典鲁菜|

油焖大虾

特色

“油焖大虾”为山东的一道历史悠久的传统名菜，它是以大虾为主要原料，采用油焖的方法烹制而成，具有红润油亮、虾肉脆嫩、咸香回甜的特点。

|经典鲁菜|

醋椒鱼

特色

“醋椒鱼”是山东的特色传统名菜之一，它是以鲜鱼为主料、醋和胡椒粉为主要调料，采用炖制法烹制而成的，以其颜色素雅、鱼肉鲜嫩、汤汁奶白、味道酸辣的特点深受百姓喜爱。

原料

原料	用量	原料	用量
鲜鲈鱼	**1 条（约 750 克）**	料酒	**10 毫升**
葱白	**10 克**	胡椒粉	**5 克**
姜	**10 克**	香油	**5 毫升**
鲜红椒	**5 克**	化猪油	**25 毫升**
香菜	**5 克**	色拉油	**25 毫升**
醋	**50 毫升**	盐	**适量**

制法

❶

鲜鲈鱼宰杀治净，放入开水锅中烫一下，捞出放在冷水盆里，洗去表面的黑膜黏液和腹内污物，取出擦干水分，在鱼身两侧划上十字花刀；葱白和姜各取一半切片，另一半切丝；鲜红椒切丝；香菜洗净，切小段。

❷

坐锅点火炙热，放入化猪油和色拉油烧热，下葱白片和姜片稍炸，掺入开水煮沸，纳入鲈鱼并加盐、胡椒粉和料酒，加盖大火炖约 5 分钟，再转中火炖熟，关火。

❸

取一长盘，放入香油和醋，先把鲈鱼捞入，再倒入汤汁，撒上葱白丝、姜丝、红椒丝和香菜段即成。

原料

原料	用量	原料	用量
鲜鲤鱼	**2 条（1 条约 750 克，1 条约 400 克）**	盐	**适量**
白糖	**35 克**	料酒	**适量**
肥肉	**15 克**	酱油	**适量**
葱	**10 克**	香油	**适量**
姜	**5 克**	色拉油	**适量**
		醋	**少许**

制法

1. 将两条鲜鲤鱼宰杀治净，在其两侧划上一字斜刀，用少许酱油、料酒和盐抹匀，腌约 10 分钟，肥肉切丝；葱切葱花；姜切末。

2. 坐锅点火，注入色拉油烧至七成热时，投入鲤鱼炸至紧皮上色，捞出沥油；锅随适量底油复上火位，下 5 克葱花和姜末炸香，放肥肉丝煸炒出油，烹料酒和酱油，掺适量开水，放入炸好的鲤鱼，调入盐和白糖，用中小火烧约 15 分钟至熟透入味，铲出装入条盘内。

3. 在锅中汤汁内放 5 克葱花和 25 毫升热油，炒至汤汁浓稠时，淋香油，推匀后起锅，浇在鲤鱼上即成。

|经典鲁菜|

怀抱鲤

特色

“怀抱鲤”为山东孔府的一道大菜，是用大小鲤鱼各一条，采用红烧法烹制而成的，具有色泽深红、鱼肉细嫩、味道鲜香的特点。因孔子的儿子孔鲤的墓葬位于孔子墓的前面，形成了“抱子携孙”的墓葬布局，“怀抱鲤”便由此得名。

|经典鲁菜|

糟熘鱼片

特色

糟熘是鲁菜中的代表技法，也是鲁菜里比较清新的一个味型。运用此法烹制的“糟熘鱼片”，具有味道咸甜略带酒香、鱼片滑嫩洁白的特点。

原料

原料	用量	原料	用量
鲜桂鱼	1条（约750克）	料酒	10毫升
水发木耳	30克	姜汁	5毫升
冬笋尖	30克	盐	适量
鸡蛋清	2个	鲜汤	适量
干淀粉	30克	水淀粉	适量
香糟酒	100毫升	香油	适量
白糖	25克	色拉油	适量

制法

1. 鲜桂鱼宰杀治净，取下鱼肉，片成5厘米长、3厘米宽的大片；水发木耳择洗干净，撕成小朵；冬笋尖切薄片。

2. 桂鱼片纳入碗中，加料酒和盐拌匀，再加鸡蛋清和干淀粉抓匀，上一层薄浆；将木耳小朵、冬笋片放入开水中焯透，捞出控水。

3. 坐锅点火炙热，注入色拉油烧至五成热时，下入鱼肉片滑散至变白成熟，捞出控油，用热水冲掉多余油分；原锅重上火位，下香糟酒、鲜汤、白糖、姜汁和盐，烧开后放入鱼肉片、木耳和笋片稍微煨一下，勾入水淀粉，淋香油，翻匀出锅装盘即可（可撒些葱花和胡萝卜丁装饰）。

原料

原料	用量	原料	用量
水发干贝	150克	香菜叶	适量
虾肉	200克	料酒	10毫升
肥肉	50克	葱姜汁	5毫升
瘦火腿	25克	盐	4克
冬笋	25克	水淀粉	25毫升
水发冬菇	25克	香油	5毫升
鸡蛋清	2个	清汤	250毫升

制法

1. 将虾肉和肥肉切成小丁，合在一起，剁成细泥；水发干贝挤净水分，搓成细丝；瘦火腿、冬笋、水发冬菇均切成约6厘米长的细丝，用开水焯透，捞出挤净水分，与干贝丝混匀，待用。

2. 虾肉泥纳入盆中，加入鸡蛋清、50毫升清汤、2克盐、料酒、葱姜汁和10毫升水淀粉拌匀成馅，然后用手挤成直径约2.5厘米的丸子，其表面滚沾上一层混合干贝丝成绣球状，摆在盘内，上笼以中火蒸熟，取出滗净汤汁。

3. 与此同时，锅内加剩余清汤烧开，调入盐，用剩余水淀粉勾玻璃芡，加香油，淋在蒸好的“绣球干贝”上，用香菜叶点缀即成。

|经典鲁菜|

绣球干贝

特色

“绣球干贝”是山东传统的名贵海味菜，即以虾肉馅制成球形，表面滚沾上混合干贝丝成绣球状，经蒸熟浇汁而成，具有形似绣球、五彩缤纷、口感嫩爽、鲜香甘美的特点。

|经典鲁菜|

侉炖目鱼

特色

“侉炖目鱼”为鲁菜的传统风味名菜，采用山东菜中独有的一种叫作“侉炖”的烹调法制作而成。它是将鱼肉切块，经腌味、拍粉、挂蛋液和油炸后，入汤中炖制而成的，具有汤色黄亮、鱼肉软嫩、味道酸辣的特点。

原料

原料	用量	原料	用量	原料	用量
比目鱼	1条	葱姜水	适量	盐	适量
鸡蛋	2个	姜	10克	老陈醋	适量
水发香菇	25克	葱花	5克	胡椒粉	适量
冬笋尖	25克	八角	1枚	香油	适量
五花肉	15克	面粉	适量	色拉油	适量
葱白	10克	料酒	适量		

制法

1. 将比目鱼宰杀治净，撕去鱼皮，切成骨排块，放在小盆内，加入料酒、盐、胡椒粉和葱姜水拌匀腌约10分钟；水发香菇去蒂；冬笋尖切片，焯水；葱白、姜各取一半切片，另一半切丝；五花肉切片；鸡蛋磕入碗内，用筷子充分搅匀。

2. 净锅上火，注入色拉油烧至五成热时，把鱼块先拍上一层面粉，裹匀鸡蛋液，下入到油锅中，炸至皮硬定型且颜色金黄时捞出，沥油。

3. 原锅随适量底油复上火位，下八角炸香，续下葱片和姜片爆香，投入五花肉片煸酥出油，烹料酒，加适量开水，调入盐和葱姜水，放入炸好的鱼块和香菇、冬笋尖片，烧沸后撇净浮沫，加入胡椒粉，以小火炖5分钟至入味，拣出葱白片、姜片和五花肉片，关火。取一净汤盘，放入葱丝和姜丝，加香油和老陈醋，倒入炖好的鱼块、蔬菜和汤汁，撒上葱花即成。

原料

原料	用量	原料	用量	原料	用量
水发海参	200克	香菜	5克	胡椒粉	适量
猪里脊肉	100克	姜	3克	酱油	适量
鸡蛋皮	1张	料酒	适量	水淀粉	适量
鸡蛋清	1/2个	米醋	适量	香油	适量
海米	10克	盐	适量	鸡汤	600毫升
葱白	10克				

制法

1. 将水发海参腹内的泥沙杂物清洗干净，用刀片成大抹刀片；猪里脊肉切成小薄片；鸡蛋皮切成丝；海米用水洗净泥沙，用温水泡透；葱白切成细丝；姜切末；香菜洗净，切段。

2. 猪里脊片纳入碗中，加料酒、盐、鸡蛋清和水淀粉拌匀上浆；汤锅上火，添入100毫升鸡汤烧开，放入海参片焯透，捞出沥水。

3. 汤锅重坐火上，注入剩余鸡汤烧开，放入姜末和海米煮出味，分别下入海参片和猪里脊片氽熟，加酱油、盐调好咸味，再加入米醋和胡椒粉，搅匀盛入汤碗内，撒上鸡蛋皮丝、葱白丝和香菜段，淋上香油即成（可以撒些葱花和胡萝卜丁点缀）。

|经典鲁菜|

山东海参

特色

“山东海参”是以水发海参为主料，配以猪里脊肉、香菜等食材烹制而成的一款具有浓厚地方风味的汤菜。具有海参爽脆、汤色透红、咸鲜适口、略带酸辣的特点，尝过肥美的大菜之后，再吃此菜，既可解腻，又可下饭，历来受到人们的欢迎。

|经典鲁菜|

葱烧海参

特色

“葱烧海参”为鲁菜中广为流传的风味名菜。它是以水发海参和大葱为主料烧制而成的，具有色泽褐红光亮、海参柔软弹滑、葱香四溢不散、芡汁浓郁醇厚的特点。

原料

水发海参	**400 克**	鲜汤	**适量**
大葱	**100 克**	水淀粉	**适量**
盐	**适量**	化猪油	**35 毫升**
酱油	**适量**	色拉油	**35 毫升**

制法

❶

将水发海参腹内的杂物冲洗干净，用刀切成 6 厘米长的厚片，放在鲜汤中汆透，捞出沥水，整齐地摆在盘中；大葱切成 5 厘米长的段。

❷

炒锅上火，放入化猪油和色拉油烧热，下入葱段炸黄捞出，再把锅中一半热油倒入小碗内，备用。

❸

锅重坐火上，加入鲜汤、酱油、盐调好色味，倒入盘中的海参片，以中火烧至汁少入味时，放入炸好的葱段续烧一会，勾水淀粉，边晃锅边顺锅边淋入小碗内的葱油，再次翻炒均匀，盛入盘中即成。

原料

原料	用量	原料	用量
海螺肉	**250 克**	盐	**适量**
大葱	**50 克**	水淀粉	**适量**
水发木耳	**25 克**	香油	**适量**
蒜	**2 瓣**	色拉油	**适量**
料酒	**10 毫升**	鲜汤	**75 毫升**
醋	**5 毫升**	胡萝卜片	**适量**

制法

1. 海螺肉用少许盐和醋搓去黏液，用清水洗净，片成极薄的大片；大葱先劈成两半，再切成1厘米长的小段；水发木耳择洗干净，个大的撕开；蒜切片。

2. 锅坐旺火上，添入适量清水烧开，放入海螺肉片焯一下，速捞出控干水分；用鲜汤、料酒、盐和水淀粉在小碗内调成芡汁，备用。

3. 炒锅坐火上，倒入色拉油烧至七成热，投入海螺肉片爆一下，迅速捞出，控净油分；锅内留适量底油，下葱段和蒜片爆香，放入胡萝卜片、木耳和海螺片，迅速倒入兑好的芡汁，翻炒均匀，淋香油，盛入盘内即成。

|经典鲁菜|

油爆海螺

特色

“油爆海螺”是明清年间流行于登州、福山的传统海味名肴。此菜是以海螺肉为主要原料，搭配木耳和大葱等爆炒而成，具有色泽洁白、质地脆嫩、明油亮芡、葱香咸鲜的特点。

|经典鲁菜|

御笔猴头

特色

“御笔猴头”是山东的一道名菜，也是孔府菜中的代表菜之一。它是选用“八珍”之一的海参为主料，配以鸡肉蓉等制成毛笔形状，经清蒸而成的菜品，具有造型奇异、口味鲜美、形象逼真的特点。

原料

原料	用量	原料	用量	原料	用量
猴头菇	20克	鲜红椒	10克	料酒	5毫升
水发海参	6个	鸡蛋清	1个	盐	5克
糯米饭	100克	蚝油	15克	鸡汤	250毫升
鸡肉蓉	100克	葱姜汁	10毫升	香油	5毫升
胡萝卜	25克	香葱末	5克	水淀粉	适量
青笋	25克				

制法

1. 猴头菇用刀切成六片；水发海参去除腹内杂物，洗净；胡萝卜和青笋先修切成同海参一样粗的圆柱形，再切成1厘米厚的片；鲜红椒洗净，横着切细丝，作笔穗；糯米饭入碗，加入香葱末和蚝油拌匀；鸡肉蓉入碗，加入1克盐、葱姜汁和鸡蛋清调味。

2. 坐锅点火，放入120毫升鸡汤烧开，加入2克盐和料酒，分别放入猴头菇片、海参、胡萝卜片和青笋片焯透，捞出控去水分。

3. 将每片猴头菇的光面放上鸡肉蓉，修整成毛笔头状；将糯米饭填入每只海参腹内，作笔杆；将毛笔头和笔杆衔接处放胡萝卜片，在笔杆顶端部位放上青笋片，用红椒丝穿在青笋片中间成为毛笔穗头。这样一个御笔猴头即做好。依次把其他几个做好，入笼用中火蒸5分钟，取出。

4. 与此同时，坐锅点火，倒入剩余鸡汤烧开，加盐调味，勾入水淀粉成玻璃芡汁，淋香油，搅匀后淋在盘中食物上即成。

第三篇

舌尖上的八大菜系之

经典浙菜

浙菜，即浙江风味菜，乃我国八大菜系之一。浙江素有“江南鱼米之乡”的美称。丰富的物产与卓越的烹饪技艺相结合，使浙江菜自成一派。浙菜起源于新石器时代的河姆渡文化，成熟于汉唐时期，宋元时期的继续繁荣和明清时期的进一步发展，使得浙江菜的整体风格更加成熟。

浙菜流派

浙菜主要由杭州菜、宁波菜、绍兴菜和后起之秀的温州菜四个地方流派组成。

杭州菜以爆、炒、烩、炸为主。代表菜有“西湖醋鱼”“东坡肉”“龙井虾仁”等。

宁波菜也叫甬帮菜，以蒸、烤、炖制海味见长，代表菜有“雪菜大汤黄鱼”“苔菜黄鱼”等。

绍兴菜以河鲜、家禽为主，且多用绍兴黄酒烹制，代表菜有“绍兴醉鸡”“干菜焖肉”等。

温州菜也叫瓯菜，菜品以海鲜入馔为主，口味清鲜，代表菜有“三丝敲鱼”“蛋煎蛏子”等。

浙菜特色

浙菜以烹制海鲜、河鲜、时令菜为特色；烹法以炒、炸、烩、熘、蒸、烧六类为专长；调味擅长使用酒、葱、姜、蒜和糖；注重刀工，如“锦绣鱼丝”，9 厘米长的鱼丝整齐划一；菜名喜用风景名胜或传说典故来命名，如“西湖醋鱼”“东坡肉”“宋嫂鱼羹”等。

|经典浙菜|

绍兴醉鸡

菜肴故事

传说很久以前，在浙江绍兴的一个小村庄里有一户人家，住着兄弟三人，互敬互爱，日子和睦。后来，三兄弟陆续娶上了媳妇，媳妇个个心灵手巧，十分能干。但在一起生活的时间长了，难免会有意见。于是三兄弟想出一个办法：让三位妯娌比赛一下，各做一道鸡肴，谁做的好吃就让谁当家。条件是每人一只鸡，但不准加油，不准用其他菜来配。三位妯娌同意后，老大媳妇端上桌的是一锅清炖鸡，老二媳妇做的是白切鸡，老三媳妇上了一盘用绍兴酒泡的醉鸡。最终，全家吃后都评定老三媳妇做的醉鸡又鲜又嫩，酒香扑鼻，别有一番风味。老三媳妇就名正言顺地当了家。此后，她做的醉鸡也在邻里间传开了。

特色

在浙江绍兴，每到佳节和宾朋相聚之日，几乎家家户户的餐桌上都会有一道“醉鸡”凉菜。它是将柴鸡腿经绍兴黄酒腌制煮熟后，再用黄酒和鸡汤调成的醉汁泡入味而成，色泽靓丽、酒香扑鼻、鸡肉鲜嫩，食后令人回味无穷，是饮酒佐餐的佳品。

原料

原料	用量
柴鸡腿	***2*** **个**
绍兴黄酒	***250*** **毫升**
冷鸡汤	***250*** **毫升**
盐	***10*** **克**
白糖	***5*** **克**
枸杞子	***10*** **克**
当归	***5*** **克**

制 法

1. 将柴鸡腿剔除大骨，用刀将肉面拍松，抹匀 5 克盐和 20 毫升绍兴黄酒，腌约 15 分钟，待用。

2. 将腌味的柴鸡腿卷成圆筒状，先用白纱布包紧，再用棉线扎起，放入开水锅中，以微火煮 25 分钟，关火泡 5 分钟，捞出放在冰水中浸凉，控去汁水，解开棉线和纱布。

3. 将冷鸡汤和绍兴黄酒倒在保鲜盒内，加入盐、白糖、枸杞子和当归调匀成醉汁，纳入鸡腿肉，放入冰箱浸泡约 1 天，捞出切片，装盘后淋少量醉汁即成（可以撒些葱花和胡萝卜丁点缀）。

|经典浙菜|

干炸响铃

特色

“干炸响铃”系杭州名菜之一，选用富阳泗乡出产的豆腐皮，卷好油炸后，鲜香扑鼻，松脆可口。因口感特别酥松，入口“嚓嚓”作响，声脆如响铃，故名。这道菜不但能饱口福和眼福，还能饱耳福。

原料

原料	用量	原料	用量
泗乡豆腐皮	**12张**	葱末	**3克**
猪里脊肉	**100克**	姜末	**3克**
鸡蛋黄	**50克**	盐	**2克**
干淀粉	**10克**	色拉油	**300毫升**
料酒	**5毫升**		

制法

1. 猪里脊肉剁成细泥，加料酒、葱末、姜末、盐和干淀粉调匀成馅；豆腐皮撕去硬边，用刀修齐，边角料待用。

2. 将修好的豆腐皮逐层揭开，每四张叠在一起，取1/3猪肉馅均匀摊在豆腐皮的一边，再沿此边摆入少许豆腐皮边角料，从有肉馅的这边开始松松卷起呈筒状，接口处抹鸡蛋黄粘牢。依次把剩余豆腐皮做完，斜刀切成段，备用。

3. 坐锅点火，注入色拉油烧至三成热时，下入豆腐皮卷炸到金黄酥脆，发出“噼噼啪啪”的响声时，捞出控油，摆盘便成。

原料

鲜香菇	400克	白糖	3克
西红柿	1/2个	水淀粉	15毫升
姜片	5克	鲜汤	150毫升
蒜片	5克	香油	5毫升
盐	5克	色拉油	30毫升
葱花	适量		

制法

鲜香菇洗净，放在开水锅中煮软，捞出漂凉，挤干水分，去蒂，切成片；西红柿洗净，切成小丁。

坐锅点火，放入色拉油烧至六成热，下姜片和蒜片炸香，放入香菇片煸炒到无水汽时，加鲜汤，调入盐和白糖，用中火烧至入味，纳入西红柿丁略烧，勾入水淀粉，淋香油，翻匀装盘，撒上葱花即可。

经典浙菜

烧香菇

特色

香菇是食用菌中的上品，素有“蘑菇皇后”之称。它含有30多种酶和18种氨基酸。人体必需的8种氨基酸，香菇中含有7种。用其作为原料，采用烧的方法制作而成的“烧香菇”，也叫“长寿菜”，是浙江的一道传统名菜，以其油润明亮、口感美妙、味道咸鲜的特点征服无数食客。

|经典浙菜|

腐乳肉

菜肴故事

据说这道菜与乾隆皇帝有关。有一次，乾隆皇帝带领自己的亲信太监去江南微服私访，来到一户人家，户主被乾隆的随从告知这是微服私访的乾隆皇帝，要品尝江南特色小吃，便犯了难。由于是小户人家，平常家中最丰盛的也就是红烧肉了，而乾隆皇帝什么东西没有吃过？红烧肉都吃腻了。于是，女主人想到一个方法，用家里仅剩的一些腐乳汁来烧肉。女主人硬着头皮将烧好的这盘菜给乾隆品尝，结果却出乎意料。乾隆夹起一块肉刚放进嘴里，便大赞好吃："香而不腻、软烂爽口，这等好菜我在京城里还未吃到过呢！"边吃边连忙询问原料和做法，了解到是由最常见的腐乳汁制成，不禁感叹百姓的创造力之强。乾隆走后，街坊邻里都来讨教这道菜的做法，之后便成了浙江的一道传统名菜。

特色

"腐乳肉"乃是浙江的一道传统名菜，它是用腐乳和五花肉蒸制而成的一道菜品，具有色泽红亮、肥而不腻、口感软烂、乳香味浓的特点。两百多年来，一直受到南北食客的喜爱和欢迎。

原料

原料	用量	原料	用量
带皮五花肉	**500克**	蜂蜜	**5克**
腐乳	**3块**	盐	**3克**
腐乳汁	**30克**	白糖	**3克**
姜片	**5克**	开水	**50毫升**
八角	**2颗**	色拉油	**适量**
花椒	**数粒**	葱花	**适量**

制法

1. 将五花肉皮上的残毛污物刮洗干净，放在水锅中煮至断生，捞出擦干水分，在表面均匀抹上一层蜂蜜，晾干，投入到烧至七成热的色拉油锅中炸成枣红色，控净油分。

2. 把炸过的五花肉用开水泡软至皮起皱褶，切成 0.3 厘米厚的长方片；腐乳入碗，用小勺碾成细泥，加入腐乳汁、开水、盐和白糖调成味汁备用。

3. 取一蒸碗，先将整齐的五花肉片皮朝下摆入碗中，再把剩下的边角料装入，至与碗口齐平，然后倒入调好的味汁，放上八角、花椒和姜片，入笼用旺火蒸约 2 小时至酥烂入味，取出翻扣在盘中，用葱花点缀，便可上桌。

|经典浙菜|

西湖莼菜汤

特色

颜色碧绿的莼菜，是杭州西湖的一种珍贵的水生蔬菜，搭配鸡丝、火腿制作而成的“西湖莼菜汤”，以其色泽碧绿、鸡丝洁白、火腿鲜红、莼菜鲜嫩爽滑、汤清味鲜的特点成为浙江名菜。许多旅居国外的侨胞及华裔友人路经杭州时，常品尝此菜，以表达他们思念祖国的深情。

原料

原料	用量	原料	用量
莼菜	**150克**	盐	**适量**
鸡脯肉	**50克**	水淀粉	**适量**
熟火腿	**10克**	香油	**适量**
鸡蛋清	**1个**	鲜汤	**适量**

制法

❶ 将莼菜去茎和老叶，用清水洗净泥沙和杂物；鸡脯肉切成细丝，纳入碗中加盐、鸡蛋清和水淀粉拌匀上浆；熟火腿切成细丝。

❷ 汤锅坐火上，添入少量鲜汤烧沸，放入莼菜焯熟，捞出盛入汤碗里。

❸ 原锅洗净重坐火上，添入鲜汤烧开，放入鸡肉丝氽熟，撇净浮沫，加盐调好口味，倒入莼菜碗里，撒上火腿丝，淋上香油即成。

原料

栗子肉	***100* 克**	藕粉	***25* 克**
青梅	***3* 颗**	白糖	***50* 克**
玫瑰花	***2* 朵**	糖桂花	***10* 克**

制法

将栗子肉洗净，切成薄片；青梅切成薄片；藕粉放入碗内，加入适量温水，搅匀成藕粉汁，待用。

坐锅点火，添入适量清水烧沸，放入栗子肉片和白糖，再次沸腾后撇净浮沫，用小火煮熟，淋入藕粉汁成羹状，搅匀稍煮，起锅盛在汤盆内，撒上青梅片、糖桂花和玫瑰花瓣即成。

|经典浙菜|

桂花鲜栗羹

特色

“桂花鲜栗羹”是杭州厨师用糖桂花、栗子肉和西湖藕粉制成的一款甜品，成菜颜色红、黄、绿、白相间，栗子肉酥，羹汁浓稠，桂花芳香，清甜适口，实为一道倍受食客欢迎的浙江经典风味名菜。

干丝第一响

特色

“干丝第一响”是浙江的一道经典菜品，它是以豆腐皮为主料，搭配锅巴、虾仁、熟鸡丝等多种食材烹制而成，具有锅巴酥脆、汤汁味美的特点。

原料

豆腐皮	150克
锅巴	100克
金华火腿	50克
虾仁	50克
熟鸡肉	50克
油菜（取心）	25克
胡萝卜	25克
盐	适量
鸡精	适量
胡椒粉	适量
水淀粉	适量
鲜汤	适量
色拉油	适量

制法

1. 豆腐皮切成细丝；金华火腿切细丝；虾仁用刀划开脊背，挑去虾线，洗净；熟鸡肉用手撕成丝；油菜洗净，切成条；胡萝卜洗净，切成花刀片；锅巴掰成块。
2. 汤锅坐火上，添入清水烧沸，放入豆腐皮丝、火腿丝、虾仁、鸡肉丝和油菜条一起焯一下，捞出用冷水冲凉，控干水分。
3. 原锅重坐火位，添入鲜汤烧开，倒入焯过水的食材，调入盐、鸡精和胡椒粉，搅匀烧开，待食材煮熟后，用水淀粉勾芡，出锅倒在碗内。
4. 锅内放色拉油烧至五成热时，倒入锅巴块炸至金黄酥脆，捞出装在窝盘中，再淋上30毫升热油，放上碗里煮好的食材即成。

火腿蚕豆

特色

“火腿蚕豆”为浙江的一道传统名菜，早在1956 年就被浙江省认定为 36 种杭州名菜之一。它是以嫩蚕豆搭配著名的金华火腿一起烹制而成的，具有红绿相间、色泽鲜艳、清香鲜嫩、回味甘甜的特点。

原料

嫩蚕豆	**300 克**	水淀粉	**适量**
金华火腿	**75 克**	香油	**适量**
白糖	**10 克**	色拉油	**适量**
盐	**适量**	骨头汤	**100 毫升**
料酒	**适量**		

制法

1. 金华火腿上笼蒸熟，取出晾冷，切成小薄片；嫩蚕豆放入开水锅中焯透，捞出沥去水分。

2. 坐锅点火，注入色拉油烧至三成热时，倒入嫩蚕豆煸炒一下，加入火腿片一起炒匀。

3. 烹料酒，掺骨头汤，调入白糖、盐，待烧透入味，用水淀粉勾芡，淋香油，翻匀装盘即成。

原料

带壳春笋	1个	白糖	适量
姜片	5克	水淀粉	适量
蒜片	5克	香油	适量
酱油	适量	色拉油	适量
盐	适量	鲜汤	适量
香菜叶	适量		

制法

带壳春笋洗净污物，放在开水锅中煮熟，捞出剥壳，把笋肉的老根切除，用刀拍松，切成不规则的劈柴块，投入开水锅中焯透，捞出控干水分。

炒锅上火，放入色拉油烧至六成热，炸香姜片和蒜片，倒入春笋块翻炒约3分钟，掺鲜汤，加酱油、盐、白糖调好口味，加盖以小火焖透入味，勾水淀粉，淋香油，颠匀装盘，用香菜叶点缀即可。

|经典浙菜|

油焖春笋

特色

“油焖春笋”是一道浙江杭州的传统风味名菜。它选用清明前后出土的嫩春笋，用重油、重糖烹制而成，以其色泽红亮、脆嫩爽口、咸鲜而带甜味、百吃不厌的特点被浙江省认定为36种杭州名菜之一。并在央视《舌尖上的中国》第一集“自然的馈赠”系列中作为美食之一进行了介绍。

虾爆鳝背

特色

“虾爆鳝背”为杭州名菜，是用黄鳝肉改刀后油炸两次，再搭配虾仁爆炒而成的，具有鳝肉焦嫩、虾仁滑爽、味道咸鲜的特点。

原料

原料	用量	原料	用量	原料	用量
活鳝鱼	200克	醋	50毫升	酱油	适量
虾仁	100克	洋葱丝	10克	香油	适量
蒜苔节	20克	姜末	5克	色拉油	适量
干淀粉	10克	盐	适量	鲜汤	150毫升
鸡蛋清	1个	白糖	适量	料酒	适量

制法

1. 坐锅点火，添入250毫升清水烧沸，放醋和5克盐，纳入活鳝鱼，加盖煮沸，关火浸泡12分钟，捞出去骨，取净肉切成10厘米长的段。
2. 虾仁洗净，挤干水分，放在碗内，加入盐、鸡蛋清和干淀粉拌匀上浆，入冰箱冷藏半小时，待用。
3. 坐锅点火，注入色拉油烧至五成热时，下入虾仁滑熟，捞出控油；待油温升高至七成热时，下入鳝鱼段炸干水汽捞出，待升高油温，再次下入鳝鱼段炸至焦脆，倒出控净油分。
4. 原锅随适量底油复上火位，放入洋葱丝、蒜苔节和姜末炒香，加入鳝鱼肉爆炒几下，烹料酒，加鲜汤、白糖、酱油、盐炒至汁黏，加虾仁和香油，翻匀即成（可以撒些芝麻点缀）。

|经典浙菜|

糟烩鞭笋

特色

“糟烩鞭笋”为浙江杭州的一道传统名肴，它是以嫩鞭笋为主料、香糟为主要调料，经过煸炒烧制而成，具有色泽明亮、糟香浓郁、质感脆爽的特点。

原料

原料	用量	原料	用量
嫩鞭笋肉	***300 克***	鲜汤	**适量**
香糟	***50 克***	香油	**适量**
水淀粉	***25 毫升***	色拉油	**适量**
盐	**适量**		

制法

1. 嫩鞭笋肉切成 5 厘米长的段，对剖成两半，用刀轻轻拍松，切条，焯水待用。

2. 香糟放入碗内，加入 100 毫升水搅散调匀，过滤去渣，留香糟汁待用。

3. 坐锅点火，倒入色拉油烧至六成热，投入鞭笋条略煸至吃足油分，加鲜汤、香糟汁、盐，以中火烧透入味，用水淀粉勾芡，淋香油，翻匀装盘即成（可以点缀些香菜和火腿丁）。

原料

带皮猪五花肉	**500 克**	白糖	**适量**
绍兴干菜	**100 克**	盐	**适量**
八角	**2 个**	料酒	**适量**
桂皮	**1 小块**	葱花	**适量**
酱油	**适量**		

制法

1. 将猪五花肉皮上的残毛污物刮洗干净，切成 2 厘米见方的块，放入沸水锅中煮约 1 分钟，捞出用热水洗去表面污沫，沥去水分；绍兴干菜用热水泡软洗净，切成 1 厘米长的小段。

2. 汤锅内添 250 毫升清水，上火烧沸，放入八角、桂皮、酱油和猪肉块，用大火煮 10 分钟，再放入白糖和干菜段煮 5 分钟，用大火收浓汤汁，盛出备用。

3. 取扣碗一个，先放 1/3 干菜段垫底，再将猪肉块皮朝下摆放在干菜上，用剩下的干菜盖住猪肉块，加料酒和汤汁，上笼用大火猛蒸 2 小时左右至肉块酥糯时，出笼翻扣在大盘中，用葱花点缀即成。

|经典浙菜|

干菜焖肉

特色

绍兴干菜是浙江著名的特产，它具有鲜嫩清香的特点，与肉共煮尤为鲜美可口。“干菜焖肉”便是取绍兴干菜和猪五花肉合焖而成的一道浙江名菜，成品可见梅干菜乌黑发亮，五花肉油润红亮、入口酥烂不腻、咸甜浓香。

|经典浙菜|

东坡肉

特色

“东坡肉”是浙江杭州的传统名菜，据说是由苏东坡创制的，“慢着火，火着水，火候足时它自美”这十三个字是他做好东坡肉的诀窍。该菜是以五花肉为主料，经过切块后，加酒、糖、酱油等，用小火长时间焖炖而成，具有色泽红亮、入口香糯、肥而不腻、酒香咸甜、味醇汁浓的特点。

原料

猪五花肉	**750克**	酱油	**150毫升**
香葱	**100克**	白糖	**100克**
姜	**50克**	盐	**适量**
绍兴加饭酒	**500毫升**		

制法

1. 将整块猪五花肉放入开水锅里煮至五成熟，捞出刮洗干净，切成5厘米见方的块；香葱择洗干净，沥干水分，少许切成葱花；姜洗净，切厚片，拍松。

2. 取一净砂锅，先垫上竹箅子，放上香葱和姜片，再将猪肉块皮朝下放在上面，加入绍兴加饭酒和酱油，撒入盐和白糖，盖上盖子，用微火焖炖1小时，再将猪肉块翻转焖炖半小时，离火。

3. 把猪肉块装入砂罐内，倒入汤汁，盖上盖子，上笼蒸半小时，取出盛入盘中，撒上葱花即可上桌。

原料

方火腿	1块（约500克）	料酒	75毫升
水发莲子	50克	糖水樱桃	少许
冰糖	150克	糖桂花	少许
水淀粉	15毫升	蜜饯青梅	少许

制法

❶

将方火腿用热水把表面污物洗净，控干水分，用刀在肉面划上十字花刀，切成片；水发莲子剔除莲心；冰糖敲碎。

❷

把火腿片放在窝盘中，加入清水和50毫升料酒，撒上50克碎冰糖，上笼蒸1小时，取出沥去汁；再加入清水和25毫升料酒，撒上50克碎冰糖，重上笼蒸一次，取出沥去汁，翻扣在盘中，周边围上莲子。

❸

坐锅点火，添适量清水烧开，加入剩余碎冰糖煮至黏稠，用水淀粉勾芡，淋在蒸好的火方上即成。

❹

根据个人口味可以点缀糖水樱桃、糖桂花、蜜饯青梅。

|经典浙菜|

蜜汁火方

特色

“蜜汁火方”为浙江的一道传统名菜，该菜品以金华火腿为主料、莲子作配料，采用蜜汁法烹制而成，具有形色美观、肉质酥糯、甜咸浓香、回味无穷的特点。

|经典浙菜|

荷叶粉蒸肉

特色

“荷叶粉蒸肉”是浙江杭州的一道特色名菜，它是以荷叶包住腌味后并裹上五香米粉的猪肉，经旺火蒸制而成的菜品，具有肉质酥烂、肥而不腻、荷香浓郁的特点。

原料

原料	用量	原料	用量
带皮猪五花肉	500 克	酱油	15 毫升
五香炒米粉	75 克	葱丝	30 克
甜面酱	75 克	姜丝	30 克
料酒	40 毫升	荷叶	1 大张
白糖	15 克		

制法

1. 将猪五花肉表皮上的残毛污物刮洗干净，先修切成长方块，再切成 0.3 厘米厚的片；荷叶用开水烫过，裁成多个边长约 12 厘米的方块。

2. 猪五花肉片纳入碗中，加甜面酱、酱油、料酒、白糖、葱丝和姜丝拌匀腌制 1 小时，再加入五香炒米粉拌匀。

3. 取 1 张荷叶包上一块腌好的五花肉片，待全部包完后，装入小竹笼内，上蒸锅用大火猛蒸 2 小时至酥烂，取出依次拆开后，摆在荷叶上便成。

原料

原料	用量	原料	用量
牛肉	150克	白胡椒粉	3克
鸡蛋清	2个	水淀粉	30毫升
香菜末	5克	高汤	750毫升
料酒	5毫升	香油	5毫升
盐	5克	化猪油	30毫升

制法

❶

牛肉洗净，切成小丁，放在开水锅中烫至变色，捞出控水；鸡蛋清入碗，用筷子充分打澥。

❷

汤锅坐火上，放入15毫升化猪油烧热，纳入牛肉丁炒散且水汽干时，烹料酒，掺高汤，加盐、白胡椒粉和香油，煮沸后，淋入水淀粉，待汤再次微沸后，淋入鸡蛋清成蛋花，最后调入剩余的化猪油和香菜末，搅匀即可盛入碗内食用。

|经典浙菜|

西湖牛肉羹

特色

单看“西湖牛肉羹”的名字，就能得知这道传统名菜来自浙江杭州。有人说，因为这道羹汤由鸡蛋清和淀粉调成，状似湖水涟漪，很似“西湖”，故名。该汤羹是以牛肉末为主料，加上鸡蛋清、淀粉和高汤制作而成，具有香滑味鲜、开胃醒酒的特点，喝完一碗还想再喝一碗。

|经典浙菜|

清汤越鸡

特色

“清汤越鸡”为浙江绍兴的传统风味名菜，是取用整只嫩越鸡，加上火腿、香菇和笋片等辅料清炖而成，具有汤清味鲜、肉质细嫩、营养丰富的特点。1933 年 10 月，柳亚子夫妇南下来到绍兴，品尝“清汤越鸡”后，将此菜的特点概括为八个字：“皮薄、肉嫩、骨松、汤鲜。”

原料

原料	用量	原料	用量
净嫩越鸡	1 只（约 750 克）	水发香菇	25 克
净油菜（取心）	50 克	姜	10 克
火腿	25 克	料酒	15 毫升
冬笋	25 克	盐	5 克

制法

❶ 将净嫩越鸡斩去鸡爪，敲断小腿骨，放在沸水锅中汆透，捞出洗去血沫，控干水分；水发香菇去蒂；火腿、冬笋、姜分别切片；油菜焯水备用。

❷ 取大砂锅一个，放入焯过水的越鸡，舀入清水没过鸡的表面，加盖用旺火烧沸，撇去浮沫，改用小火继续焖煮约 1 小时，离火。

❸ 把鸡取出转入汤盆内，加入盐和料酒，倒入炖鸡原汤，再把火腿片、冬笋片、姜片和香菇放在鸡身上，加盖上蒸笼用旺火蒸约 30 分钟，取出，放入油菜心，即可上桌。

原料

鸡脯肉	150克	水淀粉	30毫升
金华火腿	75克	熟鸡油	15毫升
豌豆苗	25克	盐	适量
鸡蛋清	1个	色拉油	适量
料酒	15毫升	清汤	500毫升

制法

1. 鸡脯肉先片成薄片，再切成细丝，纳入碗中，加料酒、鸡蛋清、盐和20毫升水淀粉拌匀上浆；金华火腿切成细丝；豌豆苗用沸水略汆，投凉备用。

2. 坐锅点火加热，注入色拉油烧至三成热时，分散下入鸡肉丝滑熟，倒出控净油分。

3. 原锅随适量底油复上火位，倒入清汤烧开，加盐调味，用剩余水淀粉勾芡，倒入火腿肉丝和鸡肉丝，用手勺推散，淋熟鸡油，出锅装在汤盆中，撒上豌豆苗即成。

|经典浙菜|

烩金银丝

特色

“烩金银丝”是浙江杭州的传统风味名菜，该菜用著名的金华火腿和鸡脯肉烩制而成，具有鸡丝鲜嫩、火腿香郁、汤汁浓醇、鲜嫩无比的特点。

|经典浙菜|

蛤蜊黄鱼羹

特色

在宁波，以黄鱼为主料烹制的菜肴较多，其中将黄鱼去皮去骨，切成小丁，加上蛤蜊肉和鲜汤制作的“蛤蜊黄鱼羹”，成为宁波菜中的上品佳肴，口味鲜美，特别受欢迎。

原料

原料	用量	原料	用量
蛤蜊	200克	料酒	10毫升
黄鱼肉	150克	盐	适量
鸡蛋	1个	水淀粉	适量
香葱	15克	骨头汤	适量
火腿	10克	化猪油	适量

制法

1. 将蛤蜊放入淡盐水中养2小时左右，使其吐净泥沙；黄鱼肉剔净小刺，切成小丁；香葱择洗净，切碎末；火腿切末。

2. 将蛤蜊取出，用清水洗净，入沸水锅中稍汆捞出，剥壳取肉；鸡蛋磕入碗内，打匀成蛋液。

3. 坐锅点火加热，倒入化猪油烧至五成热，放10克香葱末煸香，再放鱼肉丁煸一下，随即放料酒、盐和骨头汤。待烧沸后撇净浮沫，用水淀粉勾薄芡，放蛤蜊肉稍煮，淋上蛋液，搅匀出锅，装入汤盆内，撒上火腿末和剩余葱末即成。

原料

鲜河虾	400 克	醋	15 毫升
香葱	20 克	盐	适量
姜	20 克	鲜汤	适量
料酒	25 毫升	色拉油	适量
白糖	25 克	香油	适量

制法

1. 将鲜河虾剪去须脚，洗净后控干水分；香葱择洗干净，切碎花；姜切末。

2. 坐锅点火，注入色拉油烧至六成热时，投入河虾略炸捞出；待油温升到七成热时，再把河虾复炸一次，倒出控净油分。

3. 锅留适量底油，爆香葱花和姜末，倒入河虾，烹料酒，加鲜汤、盐、白糖，待翻炒至汁将干时，顺锅边淋入醋和香油，快速翻匀装盘即成。

|经典浙菜|

油爆虾

特色

“油爆虾”为浙江杭州的传统名菜，它是以鲜河虾为主要原料，经过油炸爆炒而成，具有色泽红亮、壳脆肉嫩、咸香回甜的特点。

|经典浙菜|

苔菜黄鱼

特 色

“苔菜黄鱼”是浙江宁波的经典名菜，它是将黄鱼肉条挂上苔菜糊，经油炸而成，以其色泽墨绿、外皮酥脆、内里软嫩、味道咸鲜的特点征服无数食客。

原 料

原料	用量	原料	用量	原料	用量
鲜黄鱼	**1条（约500克）**	料酒	**10毫升**	胡椒粉	**1克**
苔菜末	**5克**	葱花	**10克**	五香粉	**少许**
面粉	**100克**	葱姜汁	**5毫升**	香油	**适量**
发酵粉	**4克**	盐	**5克**	色拉油	**适量**

制 法

1. 将鲜黄鱼宰杀治净，取净肉切成5厘米长、1.5厘米粗的条，纳入碗中，加料酒、盐、葱姜汁和胡椒粉拌匀，腌约15分钟。

2. 面粉放小盆内，加入发酵粉拌匀，倒入100毫升清水调匀成糊，放入苔菜末调匀，再放入鱼肉条拌匀，使鱼肉条均匀挂上一层糊。

3. 坐锅点火，注入色拉油烧至五成热时，逐条下入鱼肉条炸至结壳发挺，捞出后用手撕去毛边；待油温升到七成热时，投入鱼肉条复炸至熟透且外皮酥脆，捞出沥干油分，再将鱼肉条回锅，撒上葱花、五香粉，淋香油，颠匀出锅装盘。

原料

原料	用量	原料	用量
花鲢鱼头	1个	姜	5克
嫩豆腐	250克	料酒	15毫升
水发香菇	25克	盐	5克
嫩笋	25克	香油	3毫升
香葱	5克	色拉油	50毫升

制法

1. 花鲢鱼头洗净，从下巴一切为二，在挨着鱼头的鱼肉处划两刀；嫩豆腐切骨牌片；水发香菇去蒂；嫩笋切成薄片；香葱洗净，切碎花；姜切片。

2. 锅内添水烧开，放入豆腐片焯透，捞出控水；再把鱼头下入锅中也烫一下，捞出用清水洗净，擦干水分。

3. 坐锅点火烧干，注入色拉油烧至七成热，放入花鲢鱼头和姜片煎香，烹料酒，加盖焖一会，掺适量开水，放入香菇和嫩笋片，稍煮片刻后倒入砂锅内，加入豆腐片，用小火炖至汤色浓白，调入盐，撒葱花，淋香油，随锅上桌食用。

|经典浙菜|

砂锅鱼头豆腐

特色

“砂锅鱼头豆腐”是杭州的一道历久不衰的传统名菜。它是以鱼头和豆腐为主料，搭配香菇和嫩笋炖制而成，具有汤汁奶白、润滑鲜嫩、清香四溢的特点。

|经典浙菜|

明目鱼米

特色

“明目鱼米”是将草鱼肉切小丁后，上浆过油，搭配青豆、枸杞子和菊花汁滑炒而成的一款杭州养生名菜。看起来赏心悦目，吃起来滑嫩鲜香，有滋补肝肾、养血明目之功。此菜经杭州厨师不断改进，被评为杭城药膳第一名菜。

原料

原料	用量	原料	用量	原料	用量
草鱼肉	**200克**	干淀粉	**15克**	水淀粉	**10毫升**
青豆	**20克**	料酒	**10毫升**	葱花	**适量**
枸杞子	**10克**	胡萝卜丁	**少许**	姜末	**适量**
干菊花	**5克**	盐	**5克**	香油	**适量**
鸡蛋清	**1个**	白糖	**3克**	色拉油	**适量**

制法

1. 把草鱼肉切成青豆大小的丁，纳入碗中，加料酒、3克盐、鸡蛋清和干淀粉拌匀上浆；青豆焯水；枸杞子、干菊花分别用50毫升开水冲泡，待用。

2. 取泡菊花和枸杞子的水入碗，加入2克盐、白糖和水淀粉调匀成味汁，待用。

3. 坐锅点火加热，注入色拉油烧至四成热时，分散下入鱼肉丁滑散，倒在漏勺内控去油分；锅留底油复上火位，炸香葱花和姜末，加入青豆和胡萝卜丁略炒，倒入鱼丁、枸杞子和调好的味汁，快速翻炒均匀，淋香油，出锅装盘即成。

原料

原料	用量	原料	用量
桂鱼肉	***150 克***	干淀粉	***10 克***
水发香菇	***25 克***	料酒	***10 毫升***
嫩竹笋	***25 克***	盐	***5 克***
火腿	***25 克***	水淀粉	***30 毫升***
姜	***10 克***	鲜汤	***750 毫升***
葱白	***10 克***	色拉油	***30 毫升***
鸡蛋清	***1 个***		

制法

❶

将桂鱼肉切成 0.3 厘米粗的丝，用清水洗两遍，挤干水分，纳入碗中，加料酒、2 克盐、鸡蛋清和干淀粉拌匀上浆；水发香菇、嫩竹笋、火腿、姜、葱白分别切成细丝。

❷

坐锅点火，添入适量清水烧开，放入桂鱼肉丝焯熟，捞出控汁；再下入香菇丝和竹笋丝焯透，捞出沥水。

❸

坐锅点火，注入色拉油烧热，下入 5 克姜丝和 5 克葱白丝炸香，放入香菇丝和竹笋丝炒透，添入鲜汤煮熟，加入剩余的盐调味，勾水淀粉，放入汆好的桂鱼肉丝，推匀盛入汤盆内，撒上火腿丝和剩余葱姜丝拌匀即成（可以再撒些葱花点缀）。

|经典浙菜|

宋嫂鱼羹

特色

“宋嫂鱼羹”又叫“宋五嫂鱼羹”，是杭州传统名菜之一。它是将桂鱼肉切丝上浆，搭配香菇丝、竹笋丝、火腿丝等烩制而成的一款汤品，具有鱼丝滑嫩、汤鲜味美的特点。因此菜味似蟹羹，故又叫“赛蟹羹”。

|经典浙菜|

雪菜大汤黄鱼

特 色

黄鱼古称石首鱼，产于东南沿海地区，是海鱼中的上品。用黄鱼搭配咸雪菜梗炖制而成的“雪菜大汤黄鱼”，在清代已是浙江地区的特色名菜，具有鱼肉鲜嫩、鲜咸适口的特点。

原 料

原料	用量	原料	用量
鲜大黄鱼	**1条**	料酒	**15毫升**
咸雪菜梗	**75克**	盐或酱油	**适量**
冬笋	**50克**	化猪油	**适量**
姜	**5克**	鲜汤	**适量**
香葱	**2棵**		

制 法

❶

将鲜大黄鱼宰杀治净，在两面切上一字刀口；咸雪菜梗切末；冬笋切片，焯水；姜洗净，切末；香葱择洗净，打成结。

❷

汤锅坐火上，添入适量清水烧沸，放入大黄鱼烫一下，捞入冷水盆里洗去表面黑膜，沥干水分。

❸

坐锅点火加热，倒入化猪油烧至八成热，将黄鱼下锅稍煎，烹料酒，放姜末、鲜汤、冬笋片、葱结和咸雪菜梗末，加盖焖烧至汤浓鱼熟，拣出葱结和姜片，调入盐或酱油，盛入汤盆内上桌食用（可以撒些葱花点缀）。

原料

虾仁	**75 克**	料酒	**5 毫升**
鸡蛋	**3 个**	盐	**3 克**
水淀粉	**25 毫升**	葱花	**少许**
葱片	**5 克**	色拉油	**适量**
姜片	**5 克**		

制法

1. 将虾仁挑去虾线，洗净杂物，用干洁毛巾包起压干水分，纳入碗中，加葱片、姜片、料酒、2 克盐拌匀，腌渍约 10 分钟。

2. 把鸡蛋磕入碗内，加入水淀粉和剩余的盐，用筷子打散，然后把腌好的虾仁倒入蛋液中，拌匀待用。

3. 坐锅点火，注入色拉油烧至六成热时，一边慢慢将蛋液虾仁均匀淋入油锅内，一边用筷子在油锅中将其划散。待起丝并炸至金黄酥脆时，倒入漏勺内沥净油分，最后用筷子拔松成丝状，装盘成塔尖形，点缀上葱花即成。

|经典浙菜|

蓑衣虾球

特色

“蓑衣虾球”因其似球不是球、蛋丝似蓑衣而得名。它是浙江绍兴的一款传统历史名菜，故又名绍兴虾球。此菜是将蛋液与虾仁结合在一起，经油炸而成，具有色泽金黄、酥脆咸鲜、蛋丝蓬松的特点。

荔枝水晶虾

特色

“荔枝水晶虾”为浙江的一道名菜，它是以河虾仁和荔枝为原料，采用熘炒的方法烹制而成，具有洁白晶莹、虾仁鲜嫩、玫瑰和荔枝香味并存的特点。

原料

原料	用量	原料	用量
鲜河虾	**500克**	白糖	**适量**
荔枝	**200克**	水淀粉	**适量**
干淀粉	**15克**	鲜汤	**适量**
玫瑰露酒	**15毫升**	色拉油	**适量**
食用碱	**少许**	葱花	**适量**
盐	**适量**		

制法

1. 鲜河虾去头尾、剥壳，取虾仁，去掉虾线，洗净挤干水分，加食用碱抓匀腌几分钟，用清水冲掉碱味，挤干水分，加盐和干淀粉抓匀；荔枝去核，对切两半。

2. 锅内添水烧开，倒入荔枝焯一下，捞出控水；再把虾仁放入水锅里汆熟，捞起来控干水分。

3. 炒锅洗净坐火上，放色拉油烧至六成热，添入鲜汤，调入盐、白糖和玫瑰露酒，大火烧开，用水淀粉勾芡，倒入虾仁和荔枝，翻匀装盘，用葱花点缀即成。

原料

原料	用量	原料	用量
净鱼肉	**200克**	胡椒粉	**2克**
肥猪肉	**50克**	水淀粉	**30毫升**
葱姜汁	**50毫升**	清汤	**适量**
青、红椒片	**50克**	香油	**适量**
鸡蛋清	**4个**	色拉油	**适量**
盐	**5克**		

制法

❶

将净鱼肉和肥猪肉切成小丁，合在一起剁成细泥，纳入盆中，加盐和葱姜汁顺一个方向搅拌，再加入鸡蛋清搅拌上劲成糊状，最后加入20毫升水淀粉搅拌均匀。

❷

坐锅点火，注入色拉油烧至二成热时，用羹匙依次舀入鱼糊成片状，待浮起至熟，倒出控油；锅内加水烧开，放入青、红椒片和鱼肉片过水，捞出沥去水分。

❸

锅内放清汤，加盐和胡椒粉调味，勾入10毫升水淀粉，淋香油，倒入鱼肉片和青、红椒片，翻匀装盘即成。

|经典浙菜|

芙蓉鱼片

特色

“芙蓉鱼片”为一道传统的浙江风味名菜，芙蓉是古代对荷花的别称。此菜是将调味的鱼肉泥做成荷花瓣状，经滑油后搭配青、红椒片炒制而成，具有洁白滑嫩、味道咸鲜、形如芙蓉花瓣的特点。

|经典浙菜|

生爆鳝片

特色

“生爆鳝片”是浙江的特色传统名菜，它是将改刀的鳝鱼肉挂糊后，经油炸脆，再与芡汁熘制而成，具有色泽黄亮、外脆里嫩、咸鲜酸甜、清香四溢的特点。

原料

原料	用量	原料	用量	原料	用量
鳝鱼肉	**250克**	蒜末	**10克**	鲜汤	**75毫升**
面粉	**30克**	白糖	**25克**	香油	**适量**
干淀粉	**30克**	醋	**15毫升**	色拉油	**适量**
酱油	**25毫升**	盐	**3克**	青、红椒片	**50克**
料酒	**15毫升**	水淀粉	**15毫升**		

制法

❶

将鳝鱼肉切成长方形片，纳入碗中，加10毫升料酒和2克盐拌匀，腌5分钟，再加入面粉、干淀粉和适量清水，用手轻轻抓匀，使其均匀挂上一层薄糊。

❷

取一个小碗，加入鲜汤、蒜末、酱油、5毫升料酒、白糖、醋、1克盐和水淀粉调匀成芡汁，待用。

❸

坐锅点火，注入色拉油烧至六成热时，下入鳝鱼片炸至发挺，捞出；待油温升到七成热时，下入鳝鱼片复炸至酥脆，倒出控净油分。锅留适量底油烧热，倒入碗中芡汁，炒至浓稠，淋香油，倒入鳝鱼片和青、红椒片，翻匀装盘即成。

原料

梭子蟹	**2只**	豆瓣酱	**25克**	盐	**适量**
熟青豆	**25克**	白糖	**20克**	鲜汤	**适量**
面粉	**15克**	番茄沙司	**15克**	辣椒油	**适量**
蒜	**3瓣**	油咖喱	**15克**	色拉油	**适量**
葱白	**10克**	料酒	**15毫升**	香油	**适量**
姜	**5克**	米醋	**15毫升**		

制法

将梭子蟹的盖撬开，去鳃洗净，剁下大钳，斩去脚尖，再将每只梭子蟹切为8块，在刀切面均匀沾上面粉；葱白、蒜、姜分别切末；豆瓣酱剁碎。

2

取一个小碗，放入鲜汤、剁碎的豆瓣酱、油咖喱、番茄沙司、米醋、料酒、盐和白糖调成五味汁，待用。

3

坐锅点火加热，倒入色拉油烧至四成热，加入蟹块煎至七成熟时，投入葱白末、姜末和蒜末同煎片刻，改用旺火，下青豆及调好的五味汁，翻炒至蟹块包匀味汁，淋香油和辣椒油，炒匀装盘即成（蟹盖可在盘中装饰）。

|经典浙菜|

五味煎蟹

特色

“五味煎蟹”为浙江温州的风味名菜，它是用梭子蟹为主料，经切块、油煎后，施以多种调料烹制而成，具有色泽红亮、蟹肉鲜嫩、咸甜酸辣香五味俱全的特点。

第四篇

舌尖上的八大菜系之

经典湘菜

湘菜，即湖南风味菜，乃我国八大菜系之一。湖南自古享有“鱼米之乡”的美誉，物产丰富、人杰地灵，奠定了湘菜得天独厚的地理优势。

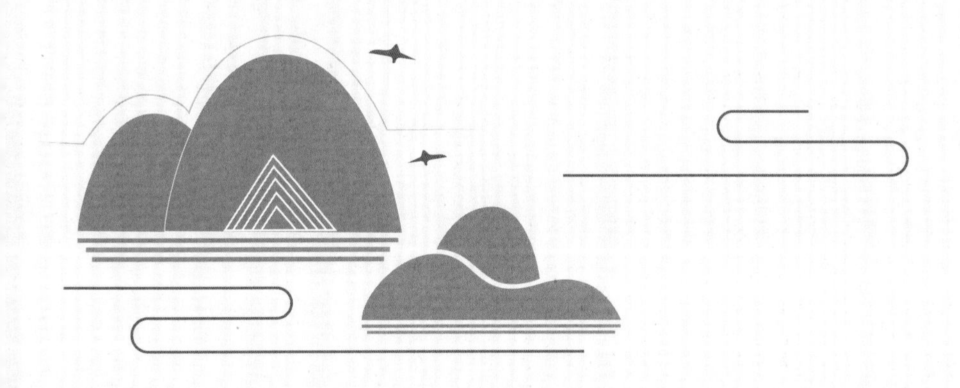

湘菜流派

湘菜由湘江流域、洞庭湖区和湘西山区三个地区的流派组成。

湘江流域以长沙、衡阳、湘潭为中心，以煨菜和腊菜著称。如“海参盆蒸”“腊味合蒸”等。

洞庭湖区以烹制河鲜和禽畜见长，以炖、烧菜出名。代表菜有“蝴蝶飘海”“冰糖湘莲”等。

湘西山区擅作山珍野味（依法可食用的）、烟熏腊肉，口味侧重于咸香酸辣。如“板栗烧菜心”“炒血鸭”等。

湘菜特色

刀工精妙，形神兼备，有细如银丝的“发丝百叶”，形态逼真的“开屏桂鱼”；调味多变，以酸辣著称，如久负盛名的“东安仔鸡”，红遍大江南北的“剁椒鱼头”；技法多样，尤重煨烤，如牛中三杰之一的“红煨牛肉”等。

|经典湘菜|

油炸臭豆腐

菜肴故事

据有关资料记载，1958 年 4 月，毛泽东主席视察湖南时，问身边的工作人员："火宫殿还在不在？几十年没吃火宫殿的臭豆腐了，还是在湖南第一师范学校读书的时候，常到那里去吃风味小吃。" 4 月 12 日，毛泽东主席在工作人员的陪同下视察火宫殿，品尝了风味小吃臭豆腐后，高兴地说："长沙火宫殿臭豆腐闻起来臭，吃起来香"，在随行人员的请求下，毛泽东欣然提笔写下了这句话。从此火宫殿声名鹊起，臭豆腐便成为湘菜界的名牌。

特色

湖南的臭豆腐源自北京，引入长沙之后，"火宫殿"根据当地人的口味进行了改进，使做出的臭豆腐"远臭近香"。而湘菜里的经典菜品"油炸臭豆腐"就是将臭豆腐油炸后蘸上油辣子食用的，具有外酥内嫩、香辣味美、吃法独特的特点。

原料

原料	用量
臭豆腐	12 块
酱油	50 毫升
油泼辣子	50 克
香油	25 毫升
鸡汤	100 毫升
葱花	适量

制法

1. 将酱油倒入小碗内，依次加入油泼辣子、香油和鸡汤调匀成蘸汁，待用。

2. 坐锅点火，注入色拉油烧至七成热时，放入臭豆腐块炸透至表面酥脆，捞出来控净油分，装在盘中，淋上蘸汁，撒上葱花食用。

|经典湘菜|

芙蓉鲫鱼

特色

“芙蓉鲫鱼”是湖南的传统名菜，它是以鸡蛋清和鲫鱼为主料蒸制而成的，具有洁白似芙蓉、滑嫩柔软、味鲜清香的特点。《中国烹饪百科全书》中说：“湖南名菜‘芙蓉鲫鱼’因形如芙蓉而得名。”

原料

原料	用量	原料	用量
鲜鲫鱼	**2条（约600克）**	料酒	**30毫升**
鸡蛋清	**5个**	盐	**5克**
熟火腿	**15克**	胡椒粉	**1克**
大葱	**10克**	清鸡汤	**240毫升**
姜	**5克**	香油	**5毫升**

制法

❶

鲜鲫鱼宰杀洗净，擦干水分，切下鲫鱼的头和尾；熟火腿切成粒；大葱取5克切段，剩余切碎花；姜洗净，切片。

❷

鲫鱼头、尾和鱼身一起装入盘中，加料酒、葱段和姜片，上笼蒸10分钟取出，鲫鱼头、尾和原汤留用，用小刀剔下鱼身中段上的肉。

❸

将鸡蛋清打散后，放入碎鱼肉、清鸡汤、蒸鱼原汤、盐和胡椒粉搅匀，倒入深边长盘内，上笼用小火蒸熟取出，摆上蒸熟的鱼头和鱼尾，撒上火腿粒和葱花，淋香油即成。

原料

鲜松菌	**250 克**	蒜	**5 瓣**
豆腐干	**100 克**	盐	**3 克**
青辣椒	**30 克**	白糖	**3 克**
红辣椒	**30 克**	化猪油	**15 毫升**
干辣椒	**10 克**	色拉油	**30 毫升**

制法

1. 鲜松菌择洗干净，控干水分，用手撕成合适的粗条；豆腐干斜刀切成长条；青、红辣椒洗净，去瓤，切成筷子粗的条；干辣椒切短节；蒜拍松，切末。

2. 坐锅点火，添入适量清水烧开，放入松菌条焯 1 分钟，捞出用清水漂洗两遍，控干水分。

3. 坐锅点火，注入化猪油和色拉油烧热，下入蒜末炒香，续下干辣椒节炒脆，放入豆腐干条炒透，投入松菌条略炒，再放入青、红辣椒条，边炒边调入盐和白糖，炒匀入味，装盘上桌。

|经典湘菜|

青椒炒松菌

特色

湖南大部分地区属于丘陵地带，林木繁茂、土地肥沃。每年九月，各地皆产松菌，其中以南岳衡山产者最佳，菌肉滑嫩、味极鲜美。据湘菜特级大师石荫祥回忆说，毛泽东主席每次回到湖南，都会吃由他掌勺烹制的一份“青椒炒鲜菌”。这道菜就是用青椒搭配松菌烹制而成的，具有菌香四溢、咸鲜微辣、美味下饭的特点。

|经典湘菜|

左宗棠鸡

菜肴故事

湖南名菜“左宗棠鸡”，是以湖南名将左宗棠的名字命名的。关于其由来，据说发明人是彭园餐厅的老板彭长贵。某日，蒋经国下班甚晚，带随从到彭园餐厅用餐。当时高档食材都已用尽，只剩鸡腿，彭长贵便用鸡腿搭配各种调料，做成一道新菜品。蒋经国食后甚感美味，询问菜名，彭长贵随机反应，借用左宗棠之名为这道菜命名，于是此菜就称“左宗棠鸡”，并成为彭园餐厅的招牌菜。后来彭长贵前往美国开了一家彭园餐厅，前美国国务卿基辛格到彭园餐厅用餐，吃了“左宗棠鸡”这道菜，也赞不绝口。加上ABC电视台报道此菜的特别节目，使此菜声名大噪。

特色

“左宗棠鸡”为湖南的一道经典名菜，它是将鸡腿去骨切成小块，经挂糊、油炸后，与辣椒、酱油、醋等调料拌炒而成的，具有色泽红亮、外焦内嫩、酸甜香辣的特点。

原料

原料	用量	原料	用量
鸡腿肉	200克	白糖	45克
青辣椒	30克	醋	30毫升
红辣椒	30克	酱油	15毫升
鸡蛋	1个	番茄沙司	15克
玉米淀粉	50克	盐	5克
干辣椒	10克	水淀粉	30毫升
葱白	5克	鲜汤	100毫升
姜	5克	色拉油	适量
蒜	2瓣		

制法

① 将鸡腿肉切成三角块，纳入碗中并加3克盐、鸡蛋和玉米淀粉，用手抓拌均匀；青、红辣椒洗净去蒂，切三角块；干辣椒切短节；葱白、姜、蒜分别切片。

② 坐锅点火，注入色拉油烧至六成热时，分散下入鸡块炸熟捞出；待油温升高，再下入鸡块复炸成金黄色，捞出控净油分。

③ 原锅随适量底油复上火位，下入葱片、姜片和蒜片炸香，再放入干辣椒节炸焦，掺鲜汤，加入番茄沙司、白糖、醋、酱油和剩余盐，煮沸后勾水淀粉，加入25克热油炒匀，倒入炸好的鸡块和青、红辣椒块，翻匀装盘便成。

冰糖湘莲

特色

湘莲出产于湖南湘潭地区，它色白、味香、肉嫩，与建莲并列全国莲子之首。以湘莲入馔，在明、清以前就比较盛行。其中，用湘莲搭配冰糖煮制而成的“冰糖湘莲”，就是湘菜系里一道脍炙人口的传统名肴，具有色泽鲜艳、香甜润滑、果味浓郁的特点。

原料

原料	用量	原料	用量
湘莲	**150 克**	樱桃	**10 克**
桂圆肉	**25 克**	冰糖	**100 克**
菠萝肉	**25 克**	水淀粉	**适量**
青豆	**10 克**	食用碱	**少许**

制法

❶ 锅内添适量清水烧开，放入食用碱搅匀，倒入湘莲，用刷子反复轻搓去皮后，捞出，用清水反复漂净碱液。

❷ 把湘莲放入碗内，加入开水，上笼蒸至酥软，取出沥去水分；桂圆肉、菠萝肉分别切成小丁；青豆、樱桃分别焯水。

❸ 汤锅坐火上，添入适量清水烧开，放入冰糖煮化，加入湘莲、桂圆肉丁、菠萝肉丁、青豆和樱桃，煮软后用水淀粉勾芡，待滚沸后撇净浮沫，盛在汤碗内即成。

原料

冬笋尖	300克	盐	3克
红小米辣	30克	鸡精	1克
姜	5克	辣椒油	25毫升
蒜	5瓣	香油	10毫升
葱白	2克	鲜汤	100毫升
酱油	10毫升	色拉油	适量

制法

1

冬笋尖用刀面稍拍，切成不规则的滚刀块；红小米辣洗净去蒂，切鱼眼圈；姜切指甲大小的片；蒜切片；葱白切碎花。

2

汤锅坐火上，添入适量清水烧沸，放入冬笋块焯透，捞出沥干水分。

3

坐锅点火，注入色拉油烧至七成热时，放入冬笋块稍炸至表面焦黄，倒出控净油分。锅留适量底油复上火位，下姜片、蒜片、葱花、红小米辣圈炒香，放入冬笋块炒透，倒入鲜汤，加酱油、盐、鸡精和辣椒油炒约1分钟，淋香油，炒匀装盘即成。

|经典湘菜|

油辣冬笋尖

特色

“油辣冬笋尖”是一道以冬笋为主料的湘西代表菜，它是采用红烧的方法加上辣椒等调料烹制而成的，具有色泽红亮、质地爽脆、味道香辣的特点。

|经典湘菜|

板栗烧菜心

特色

湖南湘西出产的油板栗，有“中国甘栗”之美称。而“板栗烧菜心”就是以板栗肉和菜心烧制而成的一道制作简单且富有特色的湘菜，具有黄绿相间、咸甜适口、明油亮芡的特点。

原料

原料	用量	原料	用量
白菜心	***300 克***	胡椒粉	**适量**
板栗	***200 克***	水淀粉	**适量**
香葱	***5 克***	香油	**适量**
蒜	***2 瓣***	色拉油	**适量**
盐	**适量**	香肠	**适量**

制法

❶

将板栗去壳取肉，洗净，切成约 0.7 厘米厚的片；白菜心洗净，切成长条；香葱切碎花；蒜切片；香肠切小丁。

❷

炒锅内放入色拉油烧至五成热，放入板栗片炸 2 分钟至呈金黄色时，倒入漏勺沥去油分，盛入小瓦钵内，加盐拌匀，上笼蒸 10 分钟，取出备用。

❸

炒锅置旺火上，下入色拉油烧至七成热时，爆香蒜片和葱花，放入白菜心条，加盐煸炒一会，加鲜汤、香肠丁和板栗片，调入胡椒粉，待烧入味，用水淀粉勾芡，淋香油，翻匀装盘即成。

原料

鲜茶树菇	500克	姜	10克	鸡精	适量
湖南腊肉	100克	香菜	5克	鲜汤	适量
红辣椒	1个	辣椒酱	25克	香油	适量
红小米辣	30克	酱油	适量	红辣椒油	适量
青蒜	30克	白糖	适量	色拉油	适量
蒜	8瓣	盐	适量	熟白芝麻	适量

制法

❶

鲜茶树菇洗净，控干水分，掐成5厘米长的段；湖南腊肉蒸软，切成大薄片；红辣椒洗净去蒂，切条；红小米辣去蒂，切鱼眼圈；青蒜择洗净，斜刀切段；蒜去皮，切片；姜切指甲大小的片。

❷

坐锅点火，注入色拉油烧至六成热时，下入蒜片炸黄捞出，投入茶树菇炸干水气，倒入漏勺内控净油分。

❸

锅留适量底油复上火位，先下腊肉片煸炒至吐油，再下姜片、红小米辣圈和红辣椒条炒香，倒入茶树菇并加辣椒酱和蒜片，炒匀后加酱油和鲜汤，调入白糖、盐和鸡精炒匀，加入青蒜段和红辣椒油炒匀，淋香油，装入干锅内，撒上熟白芝麻，即可上桌。

|经典湘菜|

干锅茶树菇

特色

“干锅茶树菇”是湖南的一道经典家常名菜，它是以茶树菇为主料，搭配湖南特产的腊肉和辣椒等多种食材炒制而成，腊肉的香味和菌菇的香味完美地融合，鲜香浓郁、酸辣适口，是一道好吃不忘、上桌率极高的下饭菜。

|经典湘菜|

剁椒鱼头

菜肴故事

据说，这道菜和清代著名文人黄宗宪有关。清朝雍正年间，黄宗宪为了躲避文字狱，逃到湖南的一个小村子里，借住在农户家。这家农户的儿子在晚饭前捞了一条河鱼回家。于是，女主人就用鱼肉煮汤，再将辣椒剁碎后与鱼头同蒸。黄宗宪觉得非常鲜美，从此对鱼头情有独钟。避难结束后，他让家里的厨师加以改良，就成了今天的湖南名菜“剁椒鱼头”。

特色

油亮火辣的红剁椒，覆盖着白嫩嫩的鱼头肉，冒着热腾腾的香气。这就是红遍大江南北的湖南名菜“剁椒鱼头”。它是以花鲢鱼头为主料，经过腌味后，搭配红剁椒蒸制而成。菜品上桌后，用筷子夹一块鱼肉送入口中，香嫩软滑，鲜辣味美，让人久念不忘。

原料

原料	用量	原料	用量
花鲢鱼头	1个（约1000克）	蒜末	15克
红剁椒	100克	香葱花	10克
啤酒	50毫升	盐	3克
姜末	15克	色拉油	50毫升

制法

1. 将花鲢鱼头的鳃抠去，把鱼头下面鱼肉较厚部分的鱼鳞刮净，撕去里面的黑膜，用清水仔细冲洗干净，擦干水分。

2. 将花鲢鱼头用刀从鱼嘴剖开成根部相连的两半，在表面及内里抹匀啤酒、盐、姜末和蒜末，腌约10分钟。

3. 把腌好的花鲢鱼头放在盘中，盖上红剁椒，浇上色拉油，上笼用旺火蒸约15分钟至刚熟，取出，撒上香葱花即成。

毛氏红烧肉

特色

“毛氏红烧肉”是一道色香味俱全的闻名全国的湖南传统名肴。它以五花肉为主料，加上糖色、辣椒等多种调料烧制而成。成菜色泽红亮、肉香味浓、咸中有辣、甜而不腻，深得人们的青睐。

原料

带皮猪五花肉	***600 克***	八角	***2 个***	糖色	**适量**
干辣椒	***15 克***	桂皮	***1 小块***	盐	**适量**
姜	***15 克***	香叶	***2 片***	料酒	**适量**
大葱	***10 克***	白糖	**适量**	色拉油	**适量**
蒜	***3 瓣***				

制法

1. 带皮猪五花肉刮洗干净，切成 3.5 厘米见方的块；干辣椒洗净，去蒂；姜切片；大葱切段；蒜拍裂；八角、桂皮和香叶用温水洗净。

2. 坐锅点火加热，倒入色拉油烧至五成热时，放入五花肉块煸炒至出油且表面呈焦黄色时，滗出油分，加入葱段、姜片、八角、桂皮、香叶和干辣椒续炒出香，烹料酒，再加糖色炒匀上色。

3. 倒入适量开水，盖上盖，用小火焖 45 分钟，加入盐、白糖和蒜，续焖至肉块软烂，转旺火收汁，出锅装盘即成（装盘时，为了美观，可用烫熟的小油菜铺在底部）。

原料

猪五花肉	**200克**	蒜	**适量**	料酒	**适量**
美人椒	**50克**	线椒	**50克**	酱油	**适量**
辣椒酱	**30克**	盐	**适量**	色拉油	**适量**
香葱	**25克**	鸡粉	**适量**	熟白芝麻	**适量**
姜	**适量**				

制法

1. 猪五花肉切成稍厚的大片；线椒、美人椒洗净去蒂，斜刀切马蹄段；香葱切短节；姜、蒜分别切片。

2. 坐锅点火加热，放入色拉油和五花肉片，煸炒至吐油后，下入姜片、蒜片和香葱节续煸出香味。

3. 加入辣椒酱、酱油、盐和鸡粉，边炒边加入美人椒段、线椒段和料酒，直至炒匀入味，出锅装盘，撒上熟白芝麻即成。

|经典湘菜|

湖南小炒肉

特色

“湖南小炒肉”是湖南的一道特色传统名菜，它是以猪五花肉搭配美人椒、辣椒酱等烹制而成的，具有香辣爽口、肉质鲜嫩、肉香浓郁的特点，用来佐酒下饭都是很诱人的。

腊味合蒸

特色

“腊味合蒸”为湖南的一道经典传统名菜，它是将腊猪肉、腊鸡肉、腊猪舌、腊鸡肫等原料纳于一钵，加入鸡汤和调料，上笼蒸制而成。将四种腊味一同蒸熟即为“腊味合蒸”，成品具有色泽红亮、腊味浓郁、质地酥软、味道奇香的特点。

原料

腊鸡肉	**200克**	豆豉	**30克**	料酒	**10毫升**
腊猪肉	**200克**	干红辣椒	**2个**	白糖	**少许**
腊猪舌	**100克**	香葱	**5克**	鲜汤	**适量**
腊鸡肫	**100克**	姜	**5克**	色拉油	**适量**

制法

❶ 将腊鸡肉、腊猪肉、腊猪舌、腊鸡肫分别用温水洗净，上笼蒸熟，取出晾凉，把腊鸡肉剁成5厘米长、2厘米宽的骨排块；腊猪肉切成长5厘米、厚0.3厘米的片；腊猪舌、腊鸡肫分别切成片；豆豉剁碎；干红辣椒切末；香葱切碎花；姜切末。

❷ 炒锅上火，放入色拉油烧至六成热，下葱花、姜末、干红辣椒末和豆豉碎炒香，加鲜汤烧开，调入料酒、白糖，离火待用。

❸ 将改刀的四种腊味整齐地间隔码在碗内，倒入炒锅中调好味的汤汁，随即上笼用旺火蒸1小时左右，取出翻扣在盘中即成。

原料

原料	用量	原料	用量
熟肥肠	**200克**	盐	**适量**
鸡蛋	**2个**	酱油	**适量**
面粉	**25克**	骨头汤	**适量**
淀粉	**25克**	色拉油	**适量**
料酒	**10毫升**	花椒盐	**1小碟**
葱段	**适量**	番茄沙司	**1小碟**
姜片	**适量**		

制法

1. 将熟肥肠剖开，剔去肥油，切成大片，放入沸水锅里焯透，捞出控尽水分；面粉和淀粉入碗，磕入鸡蛋，加入盐和适量清水调成糊状。

2. 锅内放色拉油烧热，下葱段和姜片煸香，倒入肥肠片炒透，加骨头汤，调入盐、料酒和酱油烧开，盛入砂锅里，用小火煨入味，捞出控汁。

3. 坐锅点火，注入色拉油烧至六成热时，把肥肠片挂匀蛋糊，下入油锅中炸至金黄酥脆，捞出沥油装盘，随花椒盐、番茄沙司碟上桌佐食。

|经典湘菜|

焦炸肥肠

特色

“焦炸肥肠”是湖南长沙的一道传统名菜，它是把肥肠先烧入味，再挂糊油炸而成，具有制法简单、色泽金黄、酥脆咸香的特点。

|经典湘菜|

小炒黑山羊

特色

“小炒黑山羊”是湖南长沙的一道传统特色名菜，即以黑山羊肉为主要原料，经切片、滑油后，搭配香菜、红小米椒、泡野山椒等炒制而成，具有羊肉滑嫩、咸鲜香辣的特点。

原料

黑山羊肉	**200克**	姜	**15克**	盐	**适量**
鸡蛋清	**1个**	蒜	**4瓣**	胡椒粉	**适量**
香菜	**50克**	干淀粉	**10克**	香油	**适量**
红小米椒	**50克**	酱油	**适量**	色拉油	**适量**
野山椒	**50克**	料酒	**适量**		

制法

❶

黑山羊肉去净筋络，切成薄片；香菜择洗干净，切成小段；红小米椒、野山椒去蒂，分别切圈；姜、蒜分别切成碎末。

❷

羊肉片纳入盆中，加酱油、料酒、盐和胡椒粉拌匀，加入鸡蛋清和干淀粉拌匀上浆，倒入25毫升色拉油，待用。

❸

坐锅点火加热，倒入色拉油烧至四成热时，分散下入羊肉片滑散至熟，倒出控净油分；锅留适量底油烧热，投入红小米椒圈、野山椒圈、姜末和蒜末炒香出色，加盐和胡椒粉炒匀，倒入羊肉片和香菜段，快速翻炒均匀，淋香油，装盘即成。

原料

黄牛肋条肉	***500 克***	料酒	***10 毫升***	水淀粉	**适量**
大葱	***15 克***	酱油	**适量**	清汤	**适量**
姜	***15 克***	盐	**适量**	香油	**适量**
青蒜	***10 克***	胡椒粉	**适量**	色拉油	**适量**

制法

将黄牛肋条肉切成两大块，用清水浸泡 2 小时，捞出放入清水锅中煮至五成熟，捞出晾凉，切成手指粗的条；大葱切段，稍拍；姜切片，拍裂；青蒜去根洗净，切粒。

坐锅点火，注入色拉油烧至六成热时，投入葱段和姜片煸出香味，放入牛肉条煸干水气，加料酒、酱油和清汤烧开，撇净浮沫，倒入砂锅中，用小火煨烂后离火。

把牛肉条和汤汁倒入炒锅中，加盐和胡椒粉烧制入味，用旺火收浓汤汁，勾入水淀粉，淋香油，撒入青蒜粒，翻匀起锅装盘便成。

|经典湘菜|

红煨牛肉

特色

红煨为湘菜烹饪技艺的上乘之法，用此法烹制的“红煨牛肉”是一道很有名的传统名菜。它是以黄牛肋条肉为主料，经过小火煨制而成的菜肴，具有色泽红亮、肉质软烂、味道香浓的特点。

|经典湘菜|

走油豆豉扣肉

特色

“走油豆豉扣肉”是以猪五花肉加上湖南特产“一品香”窝心豆豉烹制而成的一道湖南特色传统名菜，以其色泽油亮、香而不腻、软烂鲜美、豆豉味浓的特点受到人们的喜爱。

原料

原料	用量	原料	用量
带皮猪五花肉	**500 克**	姜片	**适量**
豆豉	**50 克**	花椒	**适量**
甜酒汁	**75 毫升**	八角	**适量**
酱油	**25 毫升**	色拉油	**适量**
盐	**适量**	油菜	**少许**
葱段	**适量**		

制法

❶

将五花肉皮上的残毛污物洗净，加入放有葱段、姜片、花椒、八角的水锅中煮至八成熟捞出，擦干水分，取 25 毫升甜酒汁，趁热均匀地抹在猪皮表面，晾干后放入烧至七成热的色拉油锅中炸成枣红色，捞出控油，用热水泡至肉皮起皱纹，取出控尽水分；油菜洗净，切成 4 瓣。

❷

把五花肉皮朝下放在案板上，用刀切成 10 厘米长、0.5 厘米厚的大片，将肉片皮朝下整齐排列在碗中，剩余的边角碎肉填充其间。

❸

接着加入 50 毫升甜酒汁、盐、酱油和豆豉，放上葱段和姜片，上笼蒸约 1 小时至软烂，取出翻扣在盘中，可用焯过水的油菜装饰边盘。

原料

猪肚尖	200克	盐	5克
水发口蘑	150克	胡椒粉	3克
豌豆苗	30克	清鸡汤	500毫升
料酒	10毫升		

制法

❶

将猪肚尖洗净，剔去油筋，外皮贴在案板上，里皮朝上，划鱼鳃形花刀，再斜刀切成4厘米长、3厘米宽的片；水发口蘑洗净，去蒂，切成片；豌豆苗择洗干净，控干水分，待用。

❷

坐锅点火，注入鸡汤烧开，依次放入口蘑片、盐和胡椒粉，再放入豌豆苗，起锅盛入大汤碗内。

❸

将肚尖片用料酒抓匀，放入开水锅里汆至九成熟，捞出盛入盘中，与口蘑鸡汤一并上桌，再将猪肚尖片倒入碗内，稍等1分钟，即可食用。

|经典湘菜|

口蘑汤泡肚

特色

“口蘑汤泡肚”是湖南长沙的一道传统名菜，以用料考究、做工精细、肚尖脆嫩、汤汁鲜美独特而闻名。著名京剧大师梅兰芳品尝“口蘑汤泡肚”后，盛赞此菜，将其誉为色香味均属上乘之肴馔。

| 经典湘菜 |

湖南口味虾

特色

“湖南口味虾”又名“香辣小龙虾”，系湘菜里的一道著名的传统菜肴。它是以小龙虾为主料，经油炸后烧制而成，以其色泽红亮、口味香辣、质地滑嫩的特点，从 20 世纪末开始传遍全国，成为夏夜街边小吃摊的经典美味。

原料

鲜小龙虾	**750 克**	姜	**10 克**	生抽	**25 毫升**
干辣椒	**25 克**	干紫苏叶	**3 片**	盐	**适量**
豆豉辣酱	**25 克**	香叶	**2 片**	白糖	**适量**
青尖椒	**2 只**	草果	**2 个**	辣椒油	**适量**
蒜	**15 克**	八角	**2 颗**	色拉油	**适量**
大葱	**10 克**	料酒	**25 毫升**		

制法

1. 将鲜小龙虾用淡盐水浸泡 1 小时，取出，去鳃，用刷子把腹部脏污刷洗干净，控干水分；干辣椒去蒂，对切；青尖椒洗净，切滚刀块；蒜拍裂，去皮；大葱切段；姜切片。

2. 坐锅点火，倒入色拉油烧至七成热时，倒入小龙虾炸至通身红色，倒出控净油分。

3. 锅留适量底油烧热，下入香叶、草果、八角、葱段、姜片、蒜、青尖椒块和干紫苏叶煸香，加入干辣椒和豆豉辣酱炒香，倒入小龙虾翻炒均匀，烹料酒，添入适量开水没过小龙虾，加入生抽、盐和白糖调味，加盖烧约 10 分钟，淋入辣椒油，用旺火收汁，出锅装盘便成（可以撒些葱花点缀）。

|经典湘菜|

发丝百叶

特色

“发丝百叶”又名“发丝牛百叶”，是一道传统的湘菜代表。它是以牛百叶为主料、冬笋作配料，加上辣椒、白醋等调料烹制而成，具有色泽白净、细如发丝、质地脆嫩、酸辣咸香的特点。

原料

水发牛百叶	**300 克**	盐	**5 克**
冬笋	**100 克**	水淀粉	**10 毫升**
青、红辣椒	**25 克**	鸡汤	**100 毫升**
葱白	**10 克**	香油	**适量**
蒜	**3 瓣**	色拉油	**适量**
白醋	**30 毫升**		

制法

1. 水发牛百叶卷成筒状后入冰箱冷冻成形，取出切成极细的丝，用冷水化开；冬笋先切成极薄的片，再切成细丝，焯水后控干水分；青、红辣椒去瓤，同葱白分别切成丝；蒜拍松，切末。

2. 汤锅坐火上，添入清水烧开，加 1 克盐，放入冬笋丝焯透捞出，挤干水分；锅内再放清水烧开，加入适量白醋和 1 克盐，投入牛百叶丝烫透，捞出挤干水分；用鸡汤、3 克盐、剩余白醋、水淀粉和香油兑成芡汁，备用。

3. 坐锅点火加热，注入色拉油烧至六成热时，下蒜末和葱丝煸香，投入冬笋丝和青、红辣椒丝炒匀，加入牛百叶丝炒干水汽，倒入调好的芡汁翻炒均匀，出锅装盘即成。

原料

净猪手	**2只**	八角	**2个**	蒜	**2瓣**
湖南剁椒	**50克**	花椒	**10粒**	葱花	**适量**
醋	**30毫升**	香叶	**2片**	盐	**适量**
白糖	**15克**	桂皮	**2小块**	酱油	**适量**
干辣椒	**15克**	料酒	**15毫升**	辣椒油	**适量**
葱段	**10克**	冰糖	**10克**	香油	**适量**
姜片	**10克**	白胡椒粉	**3克**	色拉油	**适量**

制法

将猪手刮洗净表面残毛污物，先用刀劈成两半，再斩成小块，投入到加有料酒、花椒、5克葱段、5克姜片、1片香叶、1个八角和1小块桂皮的水锅中，沸腾后撇净浮沫，煮约半小时捞出，用冷水泡一下，沥去水分。

2

坐锅点火加热，倒入色拉油烧至五成热时，放冰糖炒成深黄色，投入猪手炒至表面微黄，放入蒜、5克葱段、5克姜片、1片香叶、1个八角、1小块桂皮和干辣椒炒出香味，加料酒和酱油翻炒上色，添入开水没过猪手，调入盐，以小火收至汤汁浓稠，离火。

3

把猪手块盛到碗里，加入白胡椒粉和湖南剁椒拌匀，淋上辣椒油，上笼用大火蒸半小时至软糯，取出扣在盘中，淋上用醋、白糖和香油熬好的酸甜汁，撒上葱花即成。

|经典湘菜|

潇湘猪手

特色

“潇湘猪手”为湘菜里特有的一道风味名菜，它是将猪手经过煮、烧、蒸等方法烹制而成，具有色泽红亮、肉质软糯、味道香辣、酸甜爽口的特点。

|经典湘菜|

新化三合汤

特色

“新化三合汤”为湖南比较有名的菜品，它是将新鲜牛肉、煮熟的牛肚和牛血改刀后，一起下入锅内煮透入味，再加上山胡椒油和米醋调味而成的，具有汤色红亮、牛肉细嫩、肚片脆爽、牛血滑软、酸辣味浓的特点。

原料

原料	用量	原料	用量	原料	用量
熟牛血	500 克	香葱	5 克	八角粉	2 克
熟牛肚	250 克	米醋	30 毫升	山胡椒油	10 毫升
黄牛肉	150 克	料酒	10 毫升	化猪油	50 毫升
红辣椒粉	20 克	白胡椒粉	5 克	色拉油	50 毫升
姜	5 克	盐	4 克	牛骨汤	750 毫升
蒜	2 瓣	鸡粉	3 克		

制法

❶

黄牛肉顶着纹络切成薄片；熟牛肚斜刀切片；熟牛血先切成厚片，再切成条；姜、蒜分别切末；香葱择洗净，切成碎花。

❷

汤锅坐火上，添入适量清水烧沸，分别放入牛肚片、牛血条焯透，捞出沥干水分。

❸

汤锅洗净重坐火上，放入化猪油和色拉油烧至六成热时，下姜末和蒜末爆香，投入牛肉片煸炒变色，烹料酒，下红辣椒粉和熟牛肚片煸炒一会，续下牛血条，倒入牛骨汤，加白胡椒粉、盐、鸡粉和八角粉调味，烧几分钟至入味，加米醋调好酸辣味，淋入山胡椒油，出锅盛入汤盆内，撒上小葱花即成。

原料

原料	用量	原料	用量	原料	用量
排骨	600 克	姜	10 克	盐	适量
小油菜心	100 克	蒜	3 瓣	水淀粉	适量
豆豉	50 克	辣椒粉	5 克	香油	适量
料酒	15 毫升	酱油	适量	辣椒油	适量
大葱	10 克				

制法

1. 排骨顺骨缝切开，剁成 3 厘米长的段，用清水漂洗两遍，沥干水分；小油菜心洗净，控水；大葱切碎花；姜洗净，切末；蒜拍裂，切末。

2. 排骨段纳入盆中，加入豆豉、料酒、葱花、姜末、蒜末、辣椒粉和酱油拌匀腌 10 分钟，再加入盐、味精和水淀粉拌匀腌 5 分钟，加入辣椒油拌匀。

3. 把排骨段码在盘中，上笼用旺火蒸至熟烂，取出。与此同时，把小油菜心焯水，用盐和香油调味，装饰在排骨周边即成。

|经典湘菜|

豆椒排骨

特色

“豆椒排骨”为湖南的一道家常风味代表菜，它是将排骨加上豆豉、辣椒等调料腌制入味后，上笼蒸制而成的，具有排骨软烂，豉椒味香的特点。

| 经典湘菜|

蝴蝶飘海

特色

此菜又名“蝴蝶过河”，系湘菜里的特色传统名菜之一。它是先以鱼头、鱼骨制成鲜汤倒入火锅内，再将鱼片放入沸滚的汤中烫熟捞起，蘸调料食用的。菜品造型美观，鱼片滑嫩鲜美，现涮现吃，气氛热烈，极受人们欢迎。因切成的夹刀鱼片投入汤锅里似蝴蝶翩翩，故名。

原料

财鱼	1条（约1000克）	香葱	10克	盐	适量
水发香菇	150克	料酒	15毫升	胡椒粉	适量
鸡蛋清	2个	蒜泥	适量	干淀粉	适量
小米椒	30克	剁辣椒	适量	骨头汤	适量
胡萝卜	20克	醋	适量	化猪油	50毫升
青尖椒	20克	酱油	适量	豌豆	适量
姜	10克	香油	适量		

制法

❶ 将财鱼宰杀洗净，取净鱼肉用刀切成薄夹刀片，加盐、料酒、鸡蛋清和干淀粉拌匀上浆，在大圆盘中码成蝴蝶形，用豌豆在边缘装饰；鱼头、鱼尾和鱼骨剁成块；水发香菇去蒂，切片；胡萝卜切象眼片；青尖椒去蒂、切圈；姜切菱形片；香葱切段。

❷ 炒锅置旺火上，放入化猪油烧至六成热，放入姜片、鱼头和鱼骨炒香，烹料酒，倒入骨头汤，加入小米椒、胡萝卜片和青尖椒圈，煮至汤汁浓白后，过滤去渣，即得鱼骨汤；用蒜泥、剁辣椒、醋、酱油和香油调成酸辣汁，盛小碟内备用。

❸ 把鱼骨汤装入火锅内，放入香菇片和香葱段，撒入盐和胡椒粉，随生鱼片和酸辣汁碟一同上桌，将生鱼片下入沸汤中烫熟，取出蘸汁食用。

|经典湘菜|

湘西三下锅

特色

“湘西三下锅”也叫“张家界土家三下锅”，是湖南的一道知名美食。它是由三种主料做成的，多为肥肠、猪肚、牛肚、羊肚、猪蹄或猪头肉等中的三样，共放一锅煮制而成，具有红亮油润、香辣味鲜、口感丰富的特点。

原料

熟卤牛肚	**150 克**	豆瓣酱	**15 克**	水淀粉	**适量**
熟猪头肉	**150 克**	陈皮粒	**1 克**	高汤	**适量**
鲜鸡胗	**100 克**	酱油	**适量**	香油	**5 毫升**
青、红美人椒	**75 克**	盐	**适量**	红辣椒油	**20 毫升**
大葱	**50 克**	鸡精	**适量**	色拉油	**20 毫升**
白酒	**20 毫升**				

制法

❶

将熟卤牛肚切成 5 厘米长、1 厘米宽的条；熟猪头肉切成大片；鲜鸡胗治净，先划上多个十字花刀，再切成小块；青、红美人椒洗净去蒂，切成小节；大葱切短节。

❷

汤锅坐火上，添入适量清水烧开，倒入白酒，放入牛肚条和猪头肉片焯透，再加入鸡胗块略焯，捞出沥去水分。

❸

坐锅点火，放入红辣椒油和色拉油烧热，下入陈皮粒，倒入牛肚条、猪头肉片和鸡胗块，加入豆瓣酱炒香出红油，倒入青、红美人椒节和大葱节，翻炒后加入高汤，大火烧沸，调入酱油、盐和鸡精，炒匀勾水淀粉，淋香油，翻匀装盘即成。

原料

净肥鸡	1只	料酒	25毫升	甜面酱	1小碟
葱段	25克	冰糖	10克	油炸花生米	1小碟
姜片	25克	酱油	10毫升	花椒盐	1小碟
八角	2个	盐	8克	色拉油	适量
花椒	2克	葱丝	1小碟		

制法

❶

将净肥鸡剁去鸡爪、翅尖和鸡嘴尖，放在小盆内，加入葱段、姜片、八角、花椒、料酒、盐、酱油和敲碎的冰糖拌匀，腌约半小时。

❷

取1个砂锅，把肥鸡和腌料倒入，再加适量水没过原料，置于旺火上烧开，转小火煨1.5小时至软烂，取出沥干汁水。

❸

坐锅点火，注入色拉油烧至七成热时，把煨好的肥鸡用漏勺托住，再用手勺舀热油淋在鸡皮上，直至鸡皮成枣红色时控净油分，剁成块，按原鸡形装盘，随葱丝碟、油炸花生米碟、花椒盐碟、甜面酱碟上桌即成。

|经典湘菜|

油淋庄鸡

特色

“油淋庄鸡”为湖南的一道经典传统名菜，被誉为三湘名菜的代表作。它是先将肥鸡腌味煮熟后，再用热油浇淋而成，具有色泽棕红、皮酥肉嫩、咸香味醇的特点。因清朝光绪年间在长沙任职的布政使庄赓良爱吃此菜，故名。

东安子鸡

特色

“东安子鸡”原名“醋鸡”，是一道历史悠久、驰名中外的美味佳肴，被列为国宴菜谱之一。它是将子鸡煮熟改刀，加上辣椒、醋等调料焖烧而成的，以色泽素雅、鸡肉香嫩、酸辣味浓的特点，让客人食后赞不绝口。

原料

子鸡	1只	干辣椒	10克	水淀粉	10毫升
洋葱	30克	米醋	25毫升	香油	5毫升
青、红辣椒	20克	料酒	15毫升	辣椒油	15毫升
蒜	6瓣	盐	5克	色拉油	50毫升
姜	15克				

制法

❶ 将子鸡宰杀治净，放在汤锅中煮至七成熟，捞出晾凉，剁掉头颈和脚爪，再从脊背切开去骨，取鸡肉顺纹络切成长条；洋葱剥去外皮，青、红椒洗净去瓤，分别切条；蒜切末；姜切丝；干辣椒切短节。

❷ 坐锅点火，放入色拉油烧至六成热，放入姜丝、蒜末和干辣椒节炒香，倒入鸡肉条炒干水汽，烹料酒，加米醋、盐和少量清水焖至入味，最后放入青、红辣椒条和洋葱条略烧，用水淀粉勾薄芡，淋辣椒油和香油，翻匀装盘即成。

原料

净肥鸡	**1只**	枸杞子	**5克**
桂圆	**6颗**	冰糖	**10克**
荔枝	**6颗**	盐	**适量**
莲子	**25克**	胡椒粉	**适量**
红枣	**6颗**		

制法

1. 将净肥鸡去除屁股、爪尖和嘴尖，敲断大腿骨，用刀顺脊背切开，焯水后洗净，控尽水分。

2. 桂圆、荔枝分别剥壳去核；莲子洗净去皮及心；红枣泡涨，去核；枸杞子用温水洗净，泡软。

3. 把肥鸡腹朝下放入大号砂锅内，放入桂圆肉、荔枝肉、莲子、红枣和冰糖，添入适量清水，调入盐，上笼蒸约2小时，再放枸杞子蒸5分钟取出，用手勺把整鸡翻身，撒上胡椒粉即成。

|经典湘菜|

五元神仙鸡

特色

“五元神仙鸡”又名“五元全鸡”，系湖南最有特色的菜肴之一。它是以肥鸡为主料，加上桂圆、荔枝、莲子、红枣和枸杞子隔水炖制而成，故名“五元神仙鸡”。成品具有鸡肉肥酥、味道鲜香、果味浓醇的特点。

| 经典湘菜|

腊肉炖鳝片

特色

湖南是鳝鱼的主要产区之一，每年的五六月份，鳝鱼最为鲜美。“腊肉炖鳝片”就是湘西地区的一道名菜，采用先烧后蒸法烹制而成，具有质感软烂、咸鲜辣香、腊味浓醇的特点。

原料

原料	用量	原料	用量
鳝鱼肉	**300克**	酱油	**10毫升**
腊肉	**150克**	盐	**适量**
水发冬菇	**6朵**	清汤	**适量**
姜	**15克**	香油	**适量**
蒜	**4瓣**	辣椒油	**适量**
料酒	**15毫升**	色拉油	**适量**

制法

1. 鳝鱼肉洗净血污，切成7厘米长的大片；腊肉切成薄片；水发冬菇洗净去蒂，切厚片；姜切菱形小片；蒜切片。

2. 坐锅点火，注入色拉油烧至六成热时，投入鳝鱼肉片滑熟，倒出控净油分。锅随适量底油复上火位，放入姜片、蒜片和腊肉片煸香，倒入鳝鱼肉片，烹料酒和酱油炒匀，加清汤、盐，转小火烧至汤汁浓且少时，盛出；锅内放少量底油烧热，下冬菇片略炒，加清汤、盐，略烧片刻盛出。

3. 取一蒸碗，在碗底码入冬菇片，碗内壁摆上腊肉片，中间填入鳝鱼肉片，加入汤汁，淋上辣椒油，上笼用旺火蒸半小时，取出翻扣在盘中，淋香油即成。可以根据个人口味和装盘的美观度，最后放入几粒枸杞子和少许油菜。

| 经典湘菜 |

君山银针鸡片

特 色

“君山银针鸡片”与浙江杭州的“龙井虾仁”一样闻名全国。此菜是以鸡脯肉为主料，搭配君山银针茶滑炒而成，具有白绿相间、鸡片滑嫩、茶味清香的特点，深受中外食客的欢迎。

原 料

鸡脯肉	**200 克**	水淀粉	**30 毫升**
君上银针茶	**5 克**	盐	**适量**
鸡蛋清	**2 个**	色拉油	**适量**

制 法

1. 将鸡脯肉切成薄片，纳入碗中，加入打散的鸡蛋清、盐和 20 毫升水淀粉拌匀上浆；君上银针茶用沸水冲泡 2 分钟后滗去茶水，再加 75 克沸水冲泡晾凉，待用。

2. 坐锅点火加热，注入色拉油烧至三成热时，下入鸡肉片滑至八成熟，倒出控净油分。

3. 原锅留少许底油复上火位，倒入鸡肉片、茶叶和茶水，加盐调味，勾入剩余水淀粉，翻匀装盘即成（可撒些胡萝卜丁点缀）。

原料

原料	用量	原料	用量	原料	用量
净肥鸭	1只	瘦火腿	15克	葱段	适量
肥肉	150克	白芝麻	15克	姜片	适量
鸡蛋	2个	料酒	20毫升	花椒盐	适量
鸡蛋清	2个	白糖	5克	色拉油	适量
干淀粉	50克	盐	适量	葱花	少许
面粉	20克	花椒	适量		

制法

将净肥鸭用料酒、白糖、盐、花椒、葱段和姜片拌匀腌约2小时，上笼蒸至八成熟，取出晾凉，待用。

把蒸好的肥鸭先卸下头、翅和掌，再将鸭身剔净骨头，从腿、脯处肉厚的部位剔下肉，切成丝；肥肉切成细丝；瘦火腿切成小粒；鸡蛋磕在碗内，放入20克干淀粉、面粉和适量清水调匀成糊，加盐调匀，待用。

在鸭肉表面涂一层蛋糊，放在抹过油的平盘中，把肥肉丝和鸭肉丝放在余下的蛋糊内拌匀，均匀地裹在鸭肉上，下入烧至六成热的色拉油锅里炸至金黄色时捞出，盛入平盘里。将鸡蛋清打发起泡，加入30克干淀粉调匀成雪花糊，挂在炸过的鸭肉上，撒上白芝麻和火腿粒，重入热油锅内炸酥，捞出控油，切成块，整齐地摆放在盘内，撒上花椒盐，点缀葱花即成。

|经典湘菜|

麻仁香酥鸭

特色

“麻仁香酥鸭”为湖南长沙的经典名肴，它是将调味后的鸭肉丝裹在熟鸭肉上，挂糊后撒上芝麻，油炸而成，以金黄油润、松软酥脆、鲜香味醇的特点，深得四方宾客称赞。

|经典湘菜|

湘味啤酒鸭

特色

“湘味啤酒鸭”为湖南湘潭的特色美食之一，它是以鸭肉为主料，加上辣椒酱、啤酒等多种调料烧制而成的，具有色泽红亮、鸭肉酥烂、香辣味浓的特点。

原料

净肥鸭	750 克	小米椒	10 克	花椒	3 克
啤酒	1 瓶	干辣椒	5 克	盐	适量
杭椒	20 克	豆瓣酱	15 克	鸡粉	适量
青蒜	20 克	辣椒酱	15 克	白糖	适量
大葱	15 克	蚝油	15 克	老抽	适量
姜	15 克	料酒	10 毫升	胡椒粉	适量
蒜	4 瓣	八角	2 颗	色拉油	适量

制法

❶

将净肥鸭剁成块，用清水浸泡 15 分钟，焯水后控干水分；杭椒、青蒜、小米椒分别洗净，杭椒、小米椒切圈，青蒜切段；大葱切段；姜切片；蒜拍裂。

❷

坐锅点火，注入色拉油烧至五成热时，放入杭椒圈、青蒜段和小米椒圈炒至半熟，盛出备用。

❸

原锅复上火位，倒入色拉油烧至六成热，下入豆瓣酱和辣椒酱炒出红油，续下葱段、姜片和蒜爆香，再加入干辣椒和蚝油爆香，倒入鸭肉块炒匀，加入料酒、白糖、盐、花椒、八角、鸡粉、胡椒粉、老抽、啤酒和开水，以小火烧约 20 分钟至软烂，加入炒好的青蒜、杭椒和小米椒，翻匀装盘即成。

原料

净肥鸭	**750 克**	八角	**3 颗**	胡椒粉	**适量**
胡萝卜	**150 克**	花椒	**3 克**	十三香	**适量**
青、红辣椒	**50 克**	桂皮	**1 克**	盐	**适量**
辣椒酱	**20 克**	香叶	**1 片**	白糖	**适量**
豆瓣酱	**15 克**	老抽	**适量**	香油	**适量**
干辣椒	**10 克**	蒸鱼豉油	**适量**	色拉油	**适量**
姜	**10 克**	辣椒粉	**适量**		

制法

净肥鸭剁成块，放入沸水锅里焯一下，捞出来洗净；胡萝卜刮洗干净，切成滚刀块；青、红辣椒洗净去蒂，切菱形块；干辣椒去蒂，切短节；姜洗净，切片。

坐锅点火加热，注入色拉油烧至三成热时，下入姜片、八角、花椒、桂皮、香叶和干辣椒节炒香，倒入鸭肉块翻炒至表面紧缩泛黄时，再下辣椒酱和豆瓣酱炒匀，掺适量开水，加入老抽、蒸鱼豉油、辣椒粉、胡椒粉、白糖和十三香，用大火烧开后，改小火焖至鸭肉九成熟时，放入胡萝卜块，调入盐，续烧至鸭肉脱骨，转旺火收浓汤汁，起锅装盘。

净锅上火，放入香油烧至六成热，投入青、红辣椒块炒香，起锅淋在盘中的鸭肉上即成。

|经典湘菜|

湘西土匪鸭

特色

“湘西土匪鸭”为湖南的一道经典名菜，它是以鸭肉为主料，经过切块、焯水后，先与多种香辣调料煸炒入味，再加汤水烧制而成的，具有色泽红亮、鸭肉软烂、香辣浓郁的特点。

子龙脱袍

特色

此菜又叫“熘炒鳝鱼丝”，为湖南的一道特色传统名菜。它是将鳝鱼肉切丝，经上浆滑油后熘制而成，具有色泽艳丽、咸香味鲜、滑嫩适口的特点。子龙即小龙，意指鳝鱼犹似小龙，去皮即脱袍，故名“子龙脱袍”。

原料

鳝鱼肉	**200 克**	姜	**5 克**	水淀粉	**适量**
冬笋	**30 克**	干淀粉	**25 克**	鲜汤	**适量**
香菜梗	**25 克**	盐	**适量**	香油	**适量**
鲜红椒	**10 克**	胡椒粉	**适量**	色拉油	**适量**
水发香菇	**3 朵**	料酒	**适量**		

制法

❶ 鳝鱼肉洗净血污，切成 7 厘米长的粗丝，纳入碗中，加盐和料酒拌匀腌制，再加干淀粉拌匀上浆；冬笋切成丝；香菜梗切成段；水发香菇去蒂，切细丝；鲜红椒、姜洗净，分别切丝。

❷ 坐锅点火加热，注入色拉油烧至四成热时，分散下入鳝鱼丝滑熟，再放入冬笋丝和香菇丝过一下油，倒出沥净油分。

❸ 锅留适量底油复上火位，下入姜丝煸出香味，倒入鳝鱼丝、冬笋丝和香菇丝，烹料酒，加鲜汤、盐和胡椒粉炒匀，用水淀粉勾薄芡，加入鲜红椒丝和香菜段，淋香油，翻匀装盘即成。

原料

净鮰鱼	750 克	姜	10 克	盐	适量
蒸肉米粉	100 克	白糖	少许	香油	适量
湖南辣椒酱	30 克	五香粉	少许	辣椒油	30 克
酱油	15 毫升	胡椒粉	少许	化猪油	50 毫升
料酒	15 毫升	花椒粉	少许	竹筒	3 节
香葱	10 克				

制法

将净鮰鱼切成 5 厘米长、3 厘米宽、2 厘米厚的长方形块，再用清水漂洗两遍，沥干水分；香葱切碎花；姜切细末。

鮰鱼块放入大碗内，加入湖南辣椒酱、酱油、料酒、姜末、白糖、五香粉、胡椒粉、花椒粉、盐和辣椒油拌匀，再加入蒸肉米粉和化猪油拌匀，腌约 10 分钟。

把腌好的鱼块放入竹筒内，盖上筒盖，上笼蒸 20 分钟至熟透，取出，去除竹筒后装盘，撒葱花，淋香油即成。

经典湘菜

翠竹粉蒸鮰鱼

特色

“翠竹粉蒸鮰鱼”为一道湖南的特色传统名菜，在新鲜的翠竹筒中盛入腌味的鱼肉之后密封蒸之，既保留了粉蒸鱼的传统风味，又增加了翠竹本身的淡淡清香，令人食后回味悠长。

第五篇

舌尖上的八大菜系之

经典苏菜

苏菜，即江苏风味菜，为我国八大菜系之一。江苏素为鱼米之乡，物产丰饶。长江三鲜、太湖银鱼、阳澄湖大闸蟹、南京龙池鲫鱼等著名的水产品均出自江苏境内。其丰富的自然资源与悠久的烹饪文化，使得苏菜不断发展壮大，如今以清新典雅的气质享誉国内外。

苏菜流派

苏菜由金陵菜、淮扬菜、苏锡菜和徐海菜四大地方风味菜共同组成。

金陵菜多以水产为主，善用炖、焖、烤、煨等烹法。代表菜有“松鼠鱼”“盐水鸭”等。

淮扬菜包括扬州、淮安、镇江、盐城等地区的特色菜，菜品甜咸适中，如“水晶肴肉”“梁溪脆鳝”等。

苏锡菜包括苏州、无锡一带的风味菜，菜肴口味偏甜。代表菜有“银鱼炒蛋”“无锡肉排”等。

徐海菜色调浓重，口味偏咸，多用煮、煎、炸等烹法。代表菜品有“沛公狗肉”“羊方藏鱼”等。

苏菜特色

用料广泛，以江河湖海水鲜为主；刀工精细，一块2厘米厚的方干，能切成30薄片，切丝如发；烹法多样，擅长炖、焖、煨、焐；菜肴追求本味，清鲜平和。

|经典苏菜|

砂锅狮子头

菜肴故事

此菜原名叫“葵花斩肉”，相传，隋炀帝品尝后，非常赞赏。后传至唐代，朝廷里有个颇有名气的大臣叫韦陟，他在家中宴客时，家厨便上了“葵花斩肉”这道菜，令座中宾客无不叹为观止。因这道菜烹制成熟后，肉丸子表面的肥肉末已大多熔化或半熔化，而瘦肉末则相对显得凸起，乍一看，给人一种毛毛糙糙的感觉，有如雄师之头，宾客们便乘机劝酒道：“郇国公戎马半生，功勋卓越，像一头雄狮，这个菜就叫‘狮子头’好不好？”大家一片叫好声。从此，这道本来不是很出名的“葵花斩肉”，便很快以“狮子头”的新名字流传下来了，成为中国淮扬的传统名菜。

特色

“砂锅狮子头”为江苏淮扬名菜，它是以猪五花肉馅为主料，经过调味做成四个大丸子，搭配白菜心，放入砂锅内炖制而成，具有汤清不浑、口感酥嫩、味美鲜醇、齿颊留香的特点。

原料

原料	用量	原料	用量
猪五花肉	400克	大葱	3段
白菜心	75克	姜	4片
油菜心	4棵	葱姜汁	15毫升
鸡蛋	1个	料酒	15毫升
干淀粉	15克	盐	5克
水淀粉	15毫升	香油	3毫升

制法

1. 将猪五花肉洗净，肥肉切成石榴粒大小，瘦肉切成比肥肉略小的粒，然后将两者合在一起，用刀背反复排几遍至有黏性时为止。

2. 猪肉末入盆，依次加入 3 克盐、120 毫升清水、葱姜汁、鸡蛋和干淀粉，顺一个方向搅拌上劲。接着在手心上抹水淀粉，依次将肉馅团成四个大丸子，放在盘中待用。

3. 将白菜心焯水，置于砂锅底部，放入清水烧沸，投入肉丸子烧开，加葱段、姜片、料酒和剩余盐，盖上锅盖，转小火炖 2 小时左右，放上油菜心略炖，淋香油，盛入盘中即成。

|经典苏菜|

文思豆腐

特色

“文思豆腐”系江苏名菜之一，距今已有 300 多年的历史，为清代扬州名僧文思创制。此菜是以嫩豆腐为主料，搭配火腿、冬菇等烹制而成的一道汤菜，以其刀工精细、软嫩清醇、入口即化、滋味鲜美的特点名声远播。

原料

原料	用量	原料	用量
嫩豆腐	**200 克**	胡椒粉	**适量**
熟火腿	**40 克**	水淀粉	**适量**
水发冬菇	**25 克**	香油	**适量**
冬笋	**25 克**	鸡汤	**500 毫升**
盐	**适量**		

制法

1. 将嫩豆腐先片成 0.1 厘米厚的片，再切成细如火柴棍的丝；熟火腿、水发冬菇、冬笋分别切成极细的丝。

2. 豆腐丝纳入盆中，倒入沸水烫 3 分钟，控去水分；水发冬菇丝、冬笋丝放在开水中焯透，捞出沥去水分。

3. 汤锅上火，倒入鸡汤烧开，下入冬笋丝和冬菇丝略煮，放入豆腐丝、火腿丝，再次煮开，加盐和胡椒粉调味，用水淀粉勾芡，淋香油，即可出锅食用。

原料

南豆腐	150克	葱花	5克
虾仁	50克	干淀粉	5克
五花肉	50克	水淀粉	适量
火腿	25克	盐	适量
水发木耳	25克	胡椒粉	适量
鸡蛋皮	25克	香油	适量

制法

1

南豆腐切成菱形薄片；五花肉切成小薄片；火腿切成末；水发木耳择洗干净，撕成小朵；虾仁用刀从背部划开，挑去虾线，洗净后拍上一层干淀粉；鸡蛋皮切成菱形。

2

坐锅点火，注入适量清水烧沸，分别投入木耳小朵、五花肉片、虾仁汆一下，捞出控干水分。

3

坐锅点火，注入适量清水烧沸，放入五花肉片、木耳小朵和豆腐片，加盐和胡椒粉调味，待煮熟后勾入水淀粉，烧沸后放入虾仁和火腿末稍煮，撒葱花，淋香油，搅匀便成。

|经典苏菜|

平桥豆腐羹

特色

“平桥豆腐羹”是江苏的一道传统名菜，它是以豆腐为主料，搭配虾仁、五花肉、火腿、水发木耳等烩制而成，具有晶莹透亮、滑嫩鲜香、老幼皆宜的特点。

|经典苏菜|

叫花鸡

菜肴故事

八十年代被评为“江苏省名特食品”的“叫花鸡”，据说是一个叫花子创制的。相传，在很早以前，有一名叫花子，一边流浪一边行乞。某日，他路过江苏常熟时，偶然获得一只鸡，却苦于没有炊具、调料而无法烹调。最后他灵机一动，便仿效烤红薯的方法，将鸡宰杀后去除内脏，带毛裹上黄泥与柴草，放入火中煨熟。当褪去泥衣时，鸡毛也随之褪去了，露出来的鸡肉异香扑鼻，十分好吃。后来这一泥烤技法传入饭店酒家，并把烹制而成的鸡取名为“叫花鸡”。后又经过厨师不断研制改进，逐渐成为江苏的经典名菜。

特色

“叫花鸡”系江苏常熟的一道经典传统名菜，二十世纪八十年代被评为“江苏省名特食品”。传统叫花鸡的做法是将鸡用黄泥包住后使用柴火烤熟，如今多用电烤箱烤熟。成菜具有色泽金红、鲜香肥嫩、酥烂而形整的特点。

原料

原料	用量	原料	用量	原料	用量
三黄母鸡	**1只（约750克）**	葱段	**10克**	五香粉	**2克**
猪五花肉	**75克**	姜片	**10克**	化猪油	**50毫升**
水发香菇	**50克**	料酒	**15毫升**	荷叶	**2张**
板栗肉	**50克**	酱油	**5毫升**	锡纸	**1张**
油豆皮	**2张**	盐	**5克**	黄泥	**2000克**
葱花	**25克**	白糖	**5克**		

制法

1. 将三黄母鸡宰杀放血，用热水烫后褪净鸡毛，在左鸡翅腋下开一3厘米长的小口，用中指和食指掏出内脏，放在清水中洗净血污，擦干水分，剁去鸡爪，用刀背敲断筋骨、胸骨、腿骨和翅骨，纳入盆中，放入葱段、姜片、料酒、酱油、白糖、五香粉和4克盐，用手抹遍鸡身内外，腌约3小时。

2. 把猪五花肉、水发香菇、板栗肉分别切成小丁，与剩余盐拌匀，从鸡翅口处填入鸡腹内，再把腌鸡料汁灌入鸡腹内。将葱花和化猪油放在一起，充分拌匀，均匀地涂抹在鸡的表皮上；先把鸡头弯到鸡胸处，再将鸡腿也压到鸡胸处并夹住鸡头，翻转鸡身，把鸡翅压到鸡身下面，鸡形即算整好。

3 取一张油豆皮铺平，放上整形好的鸡包住，再包上另一张油豆皮；第二层用荷叶包裹住；第三层用透明无毒的锡纸包裹住；第四层再用荷叶包裹住。最后，用细绳捆扎好。

4 取一块湿纱布铺平，将黄泥摊开成 2.5 ～ 3 厘米厚，在中间放上捆好的鸡，掂起纱布的四个角顺上一提，使黄泥包裹住鸡，用手拍打均匀，去除纱布，即成叫化鸡生坯。

5 把用黄泥裹好的鸡放在烤盘上，送入预热 2100℃的烤箱内烤约 2 小时，再调温到 1600℃烤约 1 小时，取出后敲掉泥壳，解开细绳，揭去荷叶及锡纸即成。

附黄泥的调法： 按 1000 克黄土加 600 毫升黄酒的比例，和成软硬适中的泥团即可。用黄酒调泥团，是为了使酒香在高温烤制的过程中渗透到叫化鸡的肉质中，使鸡肉更加鲜香。

|经典苏菜|

大煮干丝

特色

“大煮干丝”为江苏淮扬的一道传统名菜，它是先将豆腐干切成如同火柴棍般的细丝，再配以鸡丝、笋丝、火腿丝等辅料，加鸡汤和调料烧制而成的，具有刀工精细、质感柔软、汤鲜味美的特点。

原料

原料	用量	原料	用量
白豆腐干	250克	姜	10克
熟鸡脯肉	50克	料酒	10毫升
瘦火腿	15克	盐	5克
豌豆苗	15克	色拉油	30毫升
葱白	10克	鸡汤	500毫升

制法

1. 将白豆腐干先切成极薄的大片，再切成均匀的细丝，放在盆里，加开水泡透。待水凉后捞出，如此反复泡三次；熟鸡脯肉、瘦火腿、葱白、姜分别切细丝；豌豆苗洗净，沥水。

2. 坐锅点火，倒入色拉油烧热，下葱丝和姜丝炸黄出香，倒入鸡汤，烧开后撇去浮沫，加入盐和料酒。待汤煮至乳白色后，放入豆腐干丝煮透，捞出堆于汤盘中。

3. 将瘦火腿丝和熟鸡脯肉丝下入锅中，烧开后加入豌豆苗，立即起锅浇于豆腐干丝上即成。

原料

原料	用量	原料	用量
油菜心	**500克**	化猪油	**10毫升**
瘦火腿	**50克**	鸡油	**30毫升**
盐	**4克**	清鸡汤	**250毫升**
水淀粉	**15毫升**		

制法

1. 把油菜心洗净沥水，用刀在根部切十字刀口；瘦火腿上笼蒸熟，取出切成象眼片。

2. 锅坐火上，添适量清水烧开，放入化猪油后，下油菜心烫熟，捞出过冷水，沥干水分。

3. 原锅重坐火上，放入鸡汤，加盐调好口味，纳入油菜心烧入味，再放入火腿片略烧，先把油菜心取出装盘，再把火腿片取出摆在上面。锅中汤汁用水淀粉勾芡，淋入鸡油，搅匀后起锅淋在盘中食物上即成。

|经典苏菜|

鸡油菜心

特色

“鸡油菜心”为江苏的一道传统名菜，它是以油菜心为主料，搭配瘦火腿烧制而成的，具有形态美观、翠绿欲滴、火腿鲜红、味道咸鲜的特点。

|经典苏菜|

松鼠鳜鱼

菜肴故事

春秋后期的吴王僚专横无道，荒淫无度，举国臣民都痛恨他。其堂兄公子光与大臣们商量，决定除掉吴王僚而自立为王，挽救吴国。吴王僚有一个嗜好，特别喜欢吃鱼炙。于是，公子光让勇士专诸专门去太湖向名厨学做鱼炙技术。学成归来后，专诸做了一道鱼菜，将鱼背上的肉划出花纹，入油锅炸至鱼肉竖立，将匕首藏在鱼腹里，浇上厚厚的卤汁，专诸便借上菜的机会顺利刺杀了吴王僚，自己也英勇牺牲。公子光夺得了王位后，不忘专诸建立的特殊功勋，因此菜形似松鼠，便将它命名为“松鼠鳜鱼”，以示怀念。清代时期，乾隆下江南到苏州，微服私访松鹤楼，尝到此鱼后大加赞赏。从此，松鼠鳜鱼更是声名大振，成为苏州大菜的压轴菜。

特色

“头昂尾巴翘，色泽逗人笑，形态似松鼠，挂卤吱吱叫。”这是后人对蜚声中外的江苏名菜“松鼠鳜鱼”的形象描绘。其做法十分讲究，是将去骨的鳜鱼肉切十字花刀纹，经过腌制、挂糊、油炸后，浇上熬好的糖醋卤汁制作而成，具有形似松鼠、色泽红艳、外脆里嫩、酸甜可口的特点。

原料

原料	用量	原料	用量	原料	用量
鳜鱼	**1条（约750克）**	香菇丁	**10克**	花椒水	**10毫升**
鸡蛋液	**100克**	白糖	**30克**	蒜末	**5克**
面粉	**45克**	番茄酱	**15克**	盐	**3克**
胡萝卜丁	**10克**	醋	**15毫升**	水淀粉	**适量**
青豆	**10克**	料酒	**10毫升**	色拉油	**适量**

制法

1. 将鳜鱼宰杀治净，剁下鱼头，将鱼身从切下鱼头的断面用平刀法紧贴鱼脊骨片至尾部，成两半而使尾巴处相连，剔去鱼脊骨和胸刺，成两扇净肉。

2. 将鱼皮朝下，平放在案板上，先用刀从鱼头断面处开始每隔1厘米划一刀，直至尾部，再转一角度，用刀划上与之前刀纹相交叉的刀纹，刀距为0.8厘米。改完刀后，抹匀料酒、花椒水和2克盐，腌10分钟。

3 将腌好的鱼肉先拍上一层面粉，裹匀鸡蛋液，再拍上一层面粉，抖掉余粉，将两扇肉并排放好，鱼尾翻出，立于两扇鱼肉中间，下入烧至五成热的色拉油锅中炸熟成金黄色，捞出控油装盘。鱼头挂上剩余蛋液和面粉，下入油锅中炸熟，捞出摆在鱼肉前呈松鼠状，用两颗青豆按放在鱼眼处作点缀。

4 原锅随底油复上火位，下蒜末炸黄，续下胡萝卜丁、青豆和香菇丁略炒，再加入番茄酱炒出红油，加适量开水，调入白糖、醋和 1 克盐，尝好酸甜味，用水淀粉勾芡，再加入 30 毫升热油搅匀，起锅浇在鱼肉上即成。

|经典苏菜|

猴头海参

特色

“猴头海参”是一道象形菜，看似一只只海参置于盘中，实际是用猴头菇、木耳和香菇加调料用蒸熘法烹制而成。以其形似海参、软嫩咸鲜的特点，成为历久不衰的江苏传统名菜。

原料

原料	用量	原料	用量
鲜猴头菇	**200 克**	盐	**5 克**
水发木耳	**75 克**	胡椒粉	**2 克**
水发香菇	**3 朵**	水淀粉	**15 毫升**
鸡蛋清	**2 个**	香油	**3 毫升**
干淀粉	**15 克**	鸡汤	**200 毫升**
鸡汁	**10 毫升**	姜片	**适量**

制法

1. 将鲜猴头菇洗净，切片装碗，加入 100 毫升鸡汤、姜片和盐，上笼蒸 15 分钟，取出挤去汁水，剁成细蓉；水发木耳、水发香菇分别洗净，挤干水分，切碎。

2. 猴头菇蓉纳入小盆内，加入香菇碎、鸡蛋清、盐、鸡汁、胡椒粉和干淀粉拌匀成稠糊，做成 5 厘米长、拇指粗细的圆柱状，然后周身粘匀木耳碎，用手搓实，即成“猴头海参”生坯。依法将余料逐一做完，整齐地排在盘中，上笼蒸 8 分钟，取出。

3. 与此同时，锅内放入剩余鸡汤烧沸，加盐调好口味，勾水淀粉，淋香油，搅匀后淋在蒸好的猴头海参上即成（可以用葱花和欧芹点缀）。

原料

原料	用量	原料	用量
猪小排	**500 克**	香叶	**3 片**
洋葱	**25 克**	桂皮	**1 小块**
姜	**15 克**	冰糖	**25 克**
陈皮	**5 克**	红曲米	**5 克**
香果	**1 个**	盐	**5 克**
草果	**1 个**	色拉油	**15 毫升**
干淀粉	**适量**		

制法

1

猪小排剁成 8 厘米长的段，拍上一层干淀粉；姜去皮，切成 1 厘米见方的丁；洋葱去皮，切块；将陈皮、香果、草果、香叶、桂皮和红曲米装在纱布袋内，做成香料袋备用。

2

坐锅点火，添入清水烧沸，下入排骨段焯至变色，捞出控水；炒锅上火，注入色拉油烧至五成热，放入姜丁煎黄，离火待用。

3

砂锅坐火上，添入清水烧开，放入排骨段、香料袋和煎好的姜丁，加盐调味，以小火炖 50 分钟，再加入洋葱块续炖 5 分钟，起锅装盘上桌（可以放些烫泡好的枸杞子、油菜点缀）。

|经典苏菜|

无锡肉排

特色

“无锡肉排”也叫“无锡肉骨头”，为一道历史悠久、闻名中外的无锡传统风味名菜。它是以排骨为主料，配上香料炖制而成的，以其鲜香扑鼻、红润明亮、骨肉酥嫩的特点一直流传至今。

| 经典苏菜 |

鸭血粉丝汤

特色

“鸭血粉丝汤”又称“鸭血粉丝”，是江苏南京的传统名肴。此汤由鸭血、鸭肠、鸭肝等加入鸭汤和粉丝制成。以其口味平和、鲜香爽滑的特点风靡于全国各地。

原料

原料	用量	原料	用量	原料	用量
鸭腿	**1只**	香菜段	**5克**	姜片	**10克**
鸭血	**100克**	桂皮	**2小块**	料酒	**适量**
鸭肝	**100克**	八角	**2颗**	酱油	**适量**
鸭胗	**100克**	花椒	**数粒**	醋	**适量**
鸭肠	**100克**	葱段	**20克**	盐	**适量**
红薯粉丝	**75克**	葱花	**5克**	香辣油	**适量**

制法

1. 汤锅坐火上，添入适量清水烧开，放入鸭腿煮15分钟，捞出鸭腿，再向汤内放入一半的葱段和姜片，稍煮备用。

2. 与此同时，把鸭肝纳入碗中，加盐和醋，倒入清水泡十分钟，换清水洗净；鸭胗、鸭肠均洗净；鸭腿切成小块。

3. 另取一个锅坐火上，放入色拉油烧至六成热时，放入剩余的葱段、姜片和鸭腿块、花椒、桂皮、八角炒出香味，加酱油和料酒炒匀上色，添入开水煮沸。先下鸭胗和鸭肝卤15分钟，捞出切片；再下鸭肠卤3分钟，捞出切段；再放入鸭血卤入味，捞出切片。

4. 把红薯粉丝放入汤锅内烫软，捞在大碗里，放入鸭肝片、鸭肠段、鸭胗片、鸭血片和鸭腿块，倒入用盐和胡椒粉调好味的鸭汤，撒上香菜段和葱花，淋上香辣油即成。

|经典苏菜|

苏式酱肉

特色

“苏式酱肉”为一道闻名中外的江苏特色传统名菜，它是以五花肉为主料，佐以红曲粉水、姜、八角等调料焖烧而成，以其色泽红艳、肥而不腻、酥润可口、咸中带甜、香气扑鼻的特点而著称。

原料

原料	用量	原料	用量
五花肉	**500克**	八角	**2个**
红曲粉	**5克**	桂皮	**1小块**
葱段	**25克**	黄酒	**5毫升**
姜	**5片**	盐	**适量**
冰糖	**适量**	葱花	**适量**

制法

1. 将五花肉洗净，切成3厘米见方的块，放入冷水锅中，用大火烧开，煮沸5分钟，捞出，用热水漂洗去表面浮沫。

2. 锅里添入1000毫升冷水，放入红曲米粉调成淡淡的红色，加入姜片、八角、桂皮和黄酒，大火烧至水开，关火备用。

3. 在锅底铺一层葱段，把五花肉块皮朝上摆放在葱段上，倒入调配好的红曲米水，用大火烧沸，加盖转小火焖半小时，再加入冰糖焖半小时，调入盐，再焖20分钟，转大火收浓汤汁，盛出装盘，撒上葱花即成。

原料

猪前蹄	1个	葱段	适量
花椒	3克	姜片	适量
八角	2颗	料酒	适量
硝水	50毫升	粗盐	适量
盐	适量	生菜叶	适量
醋	适量	姜丝	适量

制法

1. 将猪前蹄剔去骨头，皮朝下平放在案板上，在肉面戳上些小孔，均匀地洒上硝水，再用粗盐揉擦一遍，腌至肉色变红后取出，泡入水中，漂去涩味，刮净皮上的污物，放入开水锅中略焯，捞出用温水洗净；花椒和八角装入料盒中。

2. 不锈钢锅坐于火上，添入适量清水烧沸，放入猪蹄、料盒、葱段、姜片、料酒和盐，大火烧开，撇净浮沫，转小火煮约2小时至汤有黏胶且猪蹄软烂时，离火。

3. 将煮好的猪蹄皮朝下放入方形盒子内，压紧，将汤卤过滤后倒在猪蹄上，放到阴凉处冷却凝冻，食用时取出切片，整齐地装在垫有生菜的盘中，佐以姜丝、醋碟上桌即成。

|经典苏菜|

水晶肴蹄

特色

“风光无限数今朝，更爱京口肉食烧，不腻微酥香味溢，嫣红嫩冻水晶肴。”这是文人赞美江苏镇江名菜“水晶肴蹄”的一首小诗。此菜是选用猪蹄为原料，经硝、盐腌制后，配以葱、姜、料酒等多种佐料，以小火焖酥，再经冷冻凝结而成。具有肉红皮白、晶莹光滑、香而不腻、卤冻透明的特点。食用时佐以镇江香醋和姜丝，别有一番风味。

| 经典苏菜|

锅巴虾仁

特色

这道誉为天下第一菜的“锅巴虾仁”是江苏经典名菜，它是用虾仁、肉片和其他调料做成的卤汁，浇在炸酥的锅巴上，顿时发出吱吱的响声，阵阵香味亦随之扑鼻而来。以其色泽鲜红、锅巴酥脆、虾仁爽滑、肉片软嫩、味道酸甜的特点闻名于世。

原料

原料	用量	原料	用量
河虾仁	200克	水淀粉	15毫升
猪五花肉	100克	葱花	适量
锅巴	150克	酱油	适量
水发香菇	20克	盐	适量
番茄酱	30克	香油	适量
白糖	20克	色拉油	适量
醋	15毫升		

制法

1. 将河虾仁洗净，用干洁毛巾吸干水分，纳入碗中，加盐抓拌至有黏手的感觉时，加入水淀粉拌匀备用；猪五花肉切成指甲大小的片，放在碗内，加入少许盐和水淀粉拌匀备用；锅巴用手掰成3厘米大小的块；水发香菇去蒂，切丁。
2. 坐锅点火，注入色拉油烧至四成热时，分别下入猪肉片和虾仁滑熟捞出；待油温升高至八成热时，投入锅巴块炸至金黄酥脆时，捞出堆放于盘中，舀入30毫升热油。
3. 锅留适量底油复上火位，投入香菇丁和葱花略炒，下番茄酱炒出红油，加适量开水并调入酱油、盐、白糖和醋，开锅后尝好酸甜味，用水淀粉勾芡，放入虾仁和猪肉片略煮，淋香油，起锅倒在盘中锅巴上即成。

|经典苏菜|

扁大枯酥

特色

“扁大枯酥”为江苏省的传统名菜，它是以猪肉末为主料，加上大米粉、马蹄粒和调料调成馅，做成肉饼煎制而成的，具有形态扁圆、颜色焦黄、香气扑鼻、外酥里嫩、咸甜适口的特点，很受人们的喜欢。

原料

原料	用量	原料	用量
猪五花肉	**500 克**	老抽	**适量**
大米粉	**60 克**	盐	**适量**
马蹄	**8 个**	白糖	**适量**
鸡蛋	**1 个**	水淀粉	**适量**
姜	**10 克**	鲜汤	**适量**
香葱	**20 克**	色拉油	**适量**

制法

1. 猪五花肉先切成薄片，再切成细丝，最后切成米粒状；马蹄拍碎，剁成小粒；姜洗净去皮，切末；香葱部分切末，部分切碎花。

2. 将猪肉粒放在盆内，加入马蹄粒、姜末、葱末和鸡蛋拌匀，再加入老抽、盐、白糖和大米粉，用筷子充分拌匀，分成 8 份，将每份依次放在手里，团成 8 个光滑的大圆球。

3. 坐锅点火加热，倒入色拉油布匀锅底，把做好的肉球按扁放入锅内，煎至两面金黄至熟透，铲出装盘；锅内再放鲜汤烧开，加入老抽、白糖调好色味，用水淀粉勾芡，淋在肉饼上，撒上葱花即成。

原料

净肥鸭	1只	香葱	4棵
盐	50克	八角	1个
花椒	10克	桂皮	1小块
料酒	15毫升	香叶	2片
姜	5片	生菜叶	2片

制法

1. 炒锅坐火烧热，放入盐和花椒，炒至盐微微发黄、花椒散发香气，关火后倒入碗内，备用；香葱择洗干净，取2棵打成葱结。

2. 将净肥鸭放入清水中浸泡去血水，洗净后沥干水分，把热椒盐均匀地擦抹在鸭皮和鸭腹内，放入保鲜盒内，入冰箱腌约1天。时间到后，取2片姜夹住1个八角，用2根香葱捆好，放入鸭腹内，待用。

3. 汤锅坐火上，添入适量清水烧沸，放入2个葱结、3片姜、桂皮、香叶和料酒，将鸭腿朝上，头朝下放入锅中，焖煮20分钟，待四周起水泡时提起鸭腿，将鸭腹中的汤汁沥出，再将鸭子放入汤中，使腹中灌满汤汁，如此反复三四次后，再焖约20分钟，关火。不开盖，待其自然冷却，取出沥去汤汁，冷却后改刀，装入垫有生菜叶的盘中即成。

|经典苏菜|

金陵盐水鸭

特色

“金陵盐水鸭”是用鸭子作为原料，用热椒盐擦抹全身腌制后，再入水锅中焖煮熟，晾凉食用的一道江苏南京风味名菜，成品皮色玉白油润、鸭肉微红鲜嫩、味道异常鲜美。

软兜长鱼

特色

“软兜长鱼”又称“开国第一菜”，为江苏淮扬菜中最负盛名的一道菜肴。它是将鳝背肉切段，用爆炒的方法烹制而成，具有色泽乌亮、质地滑嫩、味道鲜美的特点。因用筷子夹起烧熟的鳝鱼肉时，两端一垂，犹如小孩胸前的肚兜袋，所以称之为“软兜长鱼”。

原料

原料	用量	原料	用量	原料	用量
鳝鱼	**500克**	料酒	**40毫升**	胡椒粉	**3克**
韭菜梗	**15克**	醋	**40毫升**	水淀粉	**10毫升**
香葱	**5克**	生抽	**30毫升**	鲜汤	**100毫升**
姜	**5克**	白糖	**10克**	化猪油	**20毫升**
蒜	**2瓣**	盐	**5克**	大蒜油	**25毫升**

制法

1. 汤锅坐火上，添入适量清水烧开，加入盐、30毫升料酒和30毫升醋，倒入鳝鱼，盖紧锅盖焖3分钟，捞出洗净黏液，用小刀沿着椎骨片下鳝鱼肉，切段；韭菜梗切3厘米长的段；香葱切段；姜切片；蒜切片。

2. 汤锅重坐火上，添入适量清水烧开，放入葱段、姜片和10毫升料酒，水烧开后倒入鳝鱼段焯烫一下，捞出沥干水分；用生抽、白糖、胡椒粉、水淀粉和鲜汤在小碗内对成芡汁。

3. 坐锅点火，倒入化猪油和15毫升大蒜油烧至六成热，下入韭菜段和蒜片爆香，倒入鳝鱼肉和对好的芡汁，快速翻炒均匀，淋入剩余的大蒜油和醋，翻匀装盘即成。

|经典苏菜|

云雾香团

特 色

“云雾香团”为一款江苏风味名菜，它是以虾仁为主料，剁成细蓉后，搭配鸡蛋清和茶叶等调成糊，采用软炸法烹制而成，以其洁白如雪、形似云雾、味美鲜嫩、茶香诱人的特点，广受食客的青睐。

原 料

原料	用量	原料	用量
虾仁	***100* 克**	料酒	***5* 毫升**
庐山云雾茶	***8* 克**	盐	***2* 克**
松子仁	***20* 克**	色拉油	**适量**
鸡蛋清	***4* 个**	番茄沙司	**适量**
干淀粉	***15* 克**		

制 法

❶

将虾仁洗净，挤干水分，用刀剁成细蓉，纳入碗中，加料酒、盐拌匀腌味；云雾茶用少许开水加盖泡软，待茶水呈碧绿色时捞取茶叶待用；松子仁用温油炸熟。

❷

鸡蛋清入碗，用筷子顺一个方向打成泡沫状，取 1/4 的量与茶叶、虾蓉拌匀，再加入剩余蛋清泡、干淀粉和熟松子仁调匀，即成虾蓉蛋糊，待用。

❸

坐锅点火，注入色拉油烧至三成热时，用汤匙将虾蓉蛋糊舀起成雾团状，放入油锅中，汆至定形后捞出；待油温升至四成热时，复炸至熟透且呈雪白色，捞出装盘，随番茄沙司上桌蘸食。

原料

银鱼	150 克	酱油	适量
鸡蛋	4 个	盐	适量
水发木耳	15 克	白糖	适量
冬笋	15 克	鲜汤	适量
嫩韭菜	10 克	化猪油	适量
料酒	15 毫升		

制法

1. 将银鱼去头尾，用清水洗净，沥干水分；水发木耳、冬笋分别切丝；嫩韭菜择洗干净，切成 3 厘米长的段。

2. 水发木耳、冬笋分别切丝，放入开水锅中焯透，捞出沥去水分；鸡蛋磕入碗内，加盐和料酒打散，待用。

3. 坐锅点火加热，舀入化猪油烧至六成热，放入银鱼先煸炒几下，倒入鸡蛋液推炒至凝结成形，顺锅边淋入少量化猪油，当银鱼煎至两面金黄时，用铲子铲成四大块，放入木耳丝和冬笋丝，加入鲜汤、料酒、酱油、盐、白糖，用小火焖烧两三分钟，再放入韭菜段，转大火收浓汤汁，出锅装盘便成。

|经典苏菜|

银鱼炒蛋

特色

太湖银鱼色白如银、形似玉簪、肉质绝嫩、滋味鲜美、营养丰富、被称为“太湖三宝”之首。江苏风味名菜“银鱼炒蛋”就是用太湖银鱼和鸡蛋合炒而成的，具有色泽金黄、鱼肉细嫩、滋味鲜香的特点。

| 经典苏菜 |

将军过桥

特色

“将军过桥”又叫“黑鱼两吃”，乃江苏扬州地区的传统名菜。它是用黑鱼肉片经过上浆滑炒后，再放到熬好的鱼汤里食用的一道菜品，具有鱼片洁白滑嫩、鱼汤浓白香醇、味道咸鲜香醇的特点。

原料

原料	用量	原料	用量
黑鱼	1条（约750克）	姜	3片
油菜心	75克	料酒	15毫升
熟冬笋	20克	盐	适量
水发香菇	15克	鸡汤	适量
熟火腿	10克	香油	适量
鸡蛋清	2个	色拉油	适量
干淀粉	20克	化猪油	15毫升
葱段	10克	姜醋汁	1小碟

制法

1. 将黑鱼宰杀治净，斩下鱼头，从下巴劈成两半。将鱼身剔下骨头，斩成块。把鱼肉片成0.6厘米厚的片，用清水反复漂净血污，擦干水分，纳入碗中，加5毫升料酒、盐、鸡蛋清和干淀粉拌匀上浆；油菜心洗净，沥水；熟冬笋、熟火腿分别切片；水发香菇去蒂。
2. 鱼头和鱼骨焯水洗净，放入汤锅内，添适量清水，加入10毫升料酒、5克葱段、姜片和化猪油，以大火煮至汤色乳白时，拣出葱段和姜片，放入油菜心，加盐调味，起锅装入大汤碗内，放上火腿片。
3. 在煮鱼汤的同时，将炒锅坐在火上加热，注入色拉油烧至四成热，放入鱼片滑炒至呈乳白色，倒出沥油；锅留适量底油烧热，投入5克葱段、冬笋片和香菇煸炒，加鸡汤、盐炒匀，勾水淀粉，倒入黑鱼片颠匀，淋香油，翻匀盛入汤碗中，随姜醋汁一起上桌食用。

|经典苏菜|

蟹黄大白菜

特色

“蟹黄大白菜”为江苏菜系里的一道时令名菜，它是以大白菜心为主料，搭配蟹黄和蟹肉烧制而成的，具有色泽素雅、白菜软糯、蟹肉鲜香的特点。

原料

原料	用量	原料	用量	原料	用量
大白菜心	500克	盐	适量	水淀粉	适量
熟蟹黄	50克	料酒	适量	鸡汤	适量
熟蟹肉	50克	白糖	适量	香油	适量
香葱	5克	胡椒粉	适量	色拉油	适量
姜	5克				

制法

1. 将大白菜心洗净去根，用刀纵切成四瓣；香葱切成碎花；姜洗净，切末。

2. 锅坐火上，添入适量清水烧沸，放入大白菜心烫软，捞出沥尽水分。

3. 锅重坐火上，注入色拉油烧至六成热，下入适量葱花和姜末爆香，倒入熟蟹黄和熟蟹肉煸炒透，烹料酒，加鸡汤，调入盐、白糖和胡椒粉，放入白菜心烧透入味，把白菜心捞出装在盘中。锅中汤汁用水淀粉勾芡，淋香油，出锅淋在白菜心上，用葱花点缀即成。

原料

鲜河虾	**500 克**	盐	**适量**
豌豆	**50 克**	水淀粉	**适量**
鸡蛋清	**2 个**	香油	**适量**
干淀粉	**30 克**	色拉油	**适量**
葱白	**15 克**	鸡汤	**100 毫升**
料酒	**10 毫升**		

制法

1. 将鲜河虾去头、剥壳、留尾，用牙签挑去虾线，洗净沥干；豌豆用沸水焯一下，剥去外皮；葱白切小节。

2. 将带尾的虾仁加入盐拌匀，腌 10 分钟，用清水漂洗两遍，擦干水分，放在大碗内，加入料酒、鸡蛋清和干淀粉拌匀上浆。

3. 坐锅点火加热，倒入色拉油烧至四成热时，下入上浆的河虾，滑至虾肉呈白色、尾壳变鲜红色时，倒入漏勺内沥油；原锅随适量底油复上火位，放入葱段、豌豆翻炒几下，加入鸡汤烧开，调入盐，用水淀粉勾芡，淋香油，倒入河虾，翻匀装盘即成。

|经典苏菜|

凤尾虾

特色

“凤尾虾”是一道经典的江苏菜，在《白门食谱》里就有明确记载。此菜的主料为河虾，辅以鸡蛋清和豌豆等配料，采用滑炒法烹制而成，具有虾肉洁白、尾壳鲜红、形似凤尾、色彩艳丽、味道鲜美的特点。

梁溪脆鳝

特色

“梁溪脆鳝”又名“无锡脆鳝”，系江苏传统名菜。此菜是将活鳝鱼取肉，先炸脆，再挂浓卤成菜。具有色泽深红油亮、鳝肉酥脆而香、味道甜中带咸的特点。因吃时甜而松脆，再加上用的是梁溪出产的鳝鱼，故名“梁溪脆鳝”。

原料

原料	用量	原料	用量
活鳝鱼	**400 克**	酱油	**适量**
料酒	**15 毫升**	盐	**适量**
姜	**10 克**	鲜汤	**适量**
大葱	**5 克**	水淀粉	**适量**
白糖	**25 克**	香油	**适量**
干淀粉	**适量**	色拉油	**适量**

制法

1. 将汤锅置于旺火上，加适量清水和盐烧沸，放入活鳝鱼煮至鱼嘴张开，捞在清水盆里漂洗干净，取出控干水分，用小刀把鳝鱼骨去掉，切成长条，加盐和料酒拌匀，腌 5 分钟，再加干淀粉拌匀；姜洗净去皮，一半切末，另一半切细丝，用清水泡挺；大葱切末。

2. 坐锅点火，注入色拉油烧至七成热时，放入鳝肉条炸熟捞出；待油温升高到八成热时，再下入鳝肉条复炸至酥脆，捞出控净油分。

3. 锅留适量底油烧热，下葱末和姜末爆香，加鲜汤、酱油和白糖炒匀，勾水淀粉，倒入鳝肉条颠翻均匀，淋香油，出锅堆在盘中成塔形，顶部点缀一小捏细姜丝即成（也可以再点缀些葱花和泡好的枸杞子）。

|经典苏菜|

响油鳝糊

特色

“响油鳝糊”是一道江苏的特色名菜，因鳝糊上桌后盘中还在滋滋作响而得名。即以新鲜鳝鱼肉为主料，经宰杀、切段、煮熟后爆炒而成，具有颜色深红、油润不腻、肉鲜细嫩、味道香浓的特点。

原料

净鳝鱼肉	**300 克**	香菜	**10 克**	盐	**适量**
冬笋	**25 克**	料酒	**10 毫升**	鲜汤	**适量**
熟火腿	**25 克**	醋	**10 毫升**	香油	**适量**
大葱	**20 克**	胡椒粉	**5 克**	色拉油	**适量**
姜	**15 克**	白糖	**5 克**	水淀粉	**适量**
蒜	**4 瓣**	酱油	**适量**		

制法

1. 净鳝鱼肉切成手指粗、10 厘米长的条；冬笋、熟火腿分别切细丝；大葱一半切段，另一半切碎花；姜洗净，取 10 克切片，剩余切末；蒜切末；香菜洗净切段。

2. 汤锅坐火上，添入适量清水烧开，放葱段和姜片煮片刻，倒入鳝鱼条，加料酒，焯至八成熟，捞出沥干水分；用酱油、盐、白糖、水淀粉和鲜汤在碗内调匀成芡汁，待用。

3. 炒锅坐火上，注入色拉油烧至六成热，下葱花、姜末和蒜末煸香，投入鳝鱼条炒匀，放入冬笋丝、熟火腿丝、香菜段和胡椒粉，倒入芡汁翻匀，顺锅边淋入醋和香油，再次翻匀，装盘即可。

原料

鲜虾仁	**300克**
碧螺春茶	**10克**
干淀粉	**25克**
盐	**适量**
色拉油	**适量**

制法

1. 将鲜虾仁洗净，挤干水分，纳入碗中，加盐和干淀粉拌匀上浆；碧螺春茶放入杯中，冲入开水，泡约5分钟，备用。

2. 坐锅点火炙热，注入色拉油烧至四成热时，放入虾仁滑散至变色，倒在漏勺内控净油分。

3. 锅留适量底油复上火位，倒入过油的虾仁，烹入碧螺春茶水，翻匀出锅装盘，点缀上碧螺春茶叶即成（也可再点缀些胡萝卜碎）。

|经典苏菜|

碧螺虾仁

特色

“碧螺虾仁”为一道江苏传统名菜，它是以虾仁为主料，巧用碧螺春作配料烹制而成的。成品可见虾仁色白如玉，又有茶叶点缀其间，入口带有清新的茶香、鲜嫩弹牙、透着些许甘甜。

|经典苏菜|

清蒸鲥鱼

特色

“芽姜紫醋炙鲥鱼，雪碗擎来二尺余。南有桃花春气在，此中风味胜莼鲈。”这是宋代诗人苏东坡描写鲥鱼的诗篇。鲥鱼经过清蒸法烹制而成的“清蒸鲥鱼”为江苏地区的传统名菜，鱼身银白油润，鱼鳞鲜脆爽滑，鱼肉丰腴肥美，味道爽口且香而不腻。食时，若再蘸以姜醋汁，更是别具风味。

原料

原料	用量	原料	用量
鲥鱼	1条	大葱	3段
水发香菇	适量	盐	适量
熟火腿	10克	化猪油	适量
料酒	15毫升	姜醋汁	1小碟
姜	5片	葱花	适量

制法

❶

鲥鱼去鳃，从腹部剖开，除去内脏，在腹内接近脊骨处划一刀，去掉里面的污血块，洗净血水；熟火腿切成片；水发香菇去蒂，洗净待用。

❷

在鲥鱼表面及腹腔内抹匀盐和料酒，腌约10分钟，再用清水洗一遍，擦干水分。

❸

取一鱼盘，先摆上葱段，再放上鲥鱼，在鱼身表面间隔摆上姜片和火腿片，两侧放上香菇，淋上化猪油，入笼用旺火蒸约12分钟至刚熟，取出后抽去葱段，去掉姜片，撒上葱花，随姜醋汁上桌即成。

原料

原料	用量	原料	用量	原料	用量
净鱼肉	**150克**	大葱	**3段**	盐	**适量**
肥肉	**50克**	姜	**3片**	水淀粉	**适量**
水发粉丝	**50克**	鸡蛋清	**1个**	鲜汤	**适量**
水发香菇	**2朵**	干淀粉	**10克**	香油	**适量**
油菜心	**30克**	料酒	**10毫升**	色拉油	**适量**
熟火腿	**15克**	葱姜汁	**5毫升**		

制法

净鱼肉、肥肉分别切成小丁，合在一起剁成细泥；水发粉丝控干水分，部分切成碎末，部分焯水备用；水发香菇去蒂，同熟火腿分别切菱形片；油菜心洗净，同香菇片焯水，备用。

2

鱼肉泥放在小盆内，加入盐、料酒、葱姜汁、鸡蛋清和干淀粉顺时针搅拌上劲，再加入粉丝末拌匀，做成小丸子，下入水锅中汆熟，捞出沥去汁水，待用。

3

坐锅点火，放入色拉油烧至六成热，爆香葱段和姜片，掺鲜汤煮沸一会，捞出葱、姜，放入鱼丸、粉丝、火腿片、香菇片和油菜心，调入盐，略烧入味，勾水淀粉，淋香油，翻匀装盘即成。

|经典苏菜|

彭城鱼丸

特色

“彭城鱼丸闻遐迩，声誉久驰越南北。”这是教育家康有为称赞江苏徐州名菜“彭城鱼丸”时曾写的一副对联。该菜用加有粉丝的鱼肉做成丸子，搭配香菇、火腿等熘制而成，具有色泽洁白、口感鲜嫩、味道咸香的特点。

|经典苏菜|

拆烩鲢鱼头

特色

"拆烩鲢鱼头"是淮扬名菜之一，也是扬州地区"三头宴"的必备菜品之一。它是以花鲢鱼头为主料，经过煮熟拆骨后，搭配香菇、冬笋等料烩制而成，具有皮糯滑溜、鱼脑肥嫩、味道鲜香的特点。

原料

花鲢鱼头	**1个（约1500克）**	香葱	**15克**	胡椒粉	**1克**
水发香菇	**25克**	姜	**10克**	水淀粉	**15毫升**
熟火腿	**25克**	料酒	**15毫升**	鲜汤	**180毫升**
冬笋	**25克**	盐	**5克**	化猪油	**15毫升**
油菜心	**6棵**	白糖	**2克**	色拉油	**30毫升**

制法

1. 将花鲢鱼头去鳃洗净，再从下颌处剖成相连的两半；水发香菇去蒂；熟火腿、冬笋分别切成菱形片；油菜心洗净；香葱洗净，一半切段，另一半切碎花；姜去皮，切片。

2. 锅坐火上，添入适量冷水，放入鲢鱼头、10毫升料酒、香葱段和5克姜片，以大火烧开，转小火煮半小时，捞出放入清水中，拆去大骨和碎骨，把鱼头皮朝上放在盘中。

3. 坐锅点火，放化猪油和色拉油烧热，下葱花和剩余姜片爆香，掺鲜汤，放入鱼头、香菇、火腿片、冬笋片和油菜心，调入盐、白糖、胡椒粉和剩余料酒，待烩制入味，勾水淀粉，晃匀，盛在窝盘内即成。

原料

原料	用量	原料	用量	原料	用量
螃蟹	**8 只**	葱白	**5 克**	水淀粉	**适量**
猪五花肉	**30 克**	姜	**5 克**	鲜汤	**适量**
瘦火腿	**10 克**	盐	**适量**	香油	**5 毫升**
鸡蛋清	**2 个**	白糖	**适量**	色拉油	**30 毫升**
香菜	**少许**	料酒	**适量**		

制法

将螃蟹洗净蒸熟，取出剥下壳，剔出蟹肉和蟹黄备用，另把蟹壳里外刷洗干净，晾干水分；猪五花肉煮熟，切成小丁；瘦火腿切成粒；香菜洗净；葱白切碎花；姜切末。

炒锅坐火上，下入色拉油烧至六成热，投入葱花、姜末和五花肉丁炒香，倒入蟹肉和蟹黄略炒，烹料酒，加鲜汤、盐和白糖调味，炒匀后勾水淀粉，再次炒匀，盛出备用。

将炒好的蟹肉和蟹黄分别盛在蟹壳内，表面盖上打发的鸡蛋清，点缀上火腿粒，入笼用小火蒸熟，取出整齐装盘。炒锅内添入鲜汤烧沸，加盐调味，用水淀粉勾玻璃芡，淋香油，出锅浇在雪花蟹斗上，用香菜点缀即成（也可以再点缀些樱桃罐头）。

|经典苏菜|

雪花蟹斗

特色

“雪花蟹斗”是一道江苏著名的菜肴，它是在芙蓉蟹的基础上，以蟹壳为容器，内装清炒熟蟹，覆盖上洁白如雪的蛋泡，稍作点缀，经蒸制后形成色、香、味、形俱佳的受人喜爱的菜品。

第六篇

舌尖上的八大菜系之

经典粤菜

粤菜，即广东风味菜，乃我国八大菜系之一。广东省位于我国东南沿海，物产丰富，经济发达。粤菜发源于岭南，与早期的川菜、鲁菜、湘菜齐名。

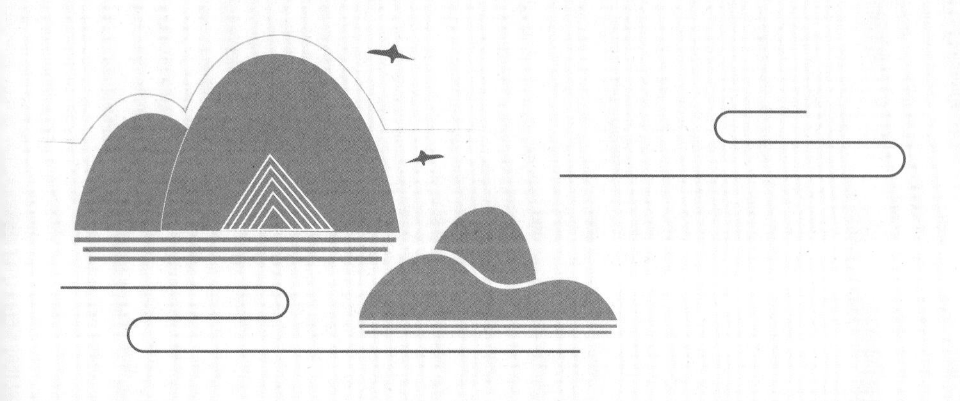

粤菜流派

粤菜由广州菜、潮州菜、东江菜三个地方风味菜系组合而成。

广州菜包括珠江三角洲和韶关、湛江等地的菜品，用料广泛，口味讲究清而不淡；潮州菜发源于潮汕地区，汇集闽、粤两家之长，以烹制海产品见长，口味清纯；东江菜起源于广东东江一带，菜品多用肉类做成，极少用海产品，下油重，味偏咸。

粤菜特色

选料广泛，以生猛海鲜类的活杀活宰居多；口味以爽、脆、鲜、嫩为特色；烹法多用煎、炒、扒、煲、炖、蒸等；调味品多用豆豉、蚝油、海鲜酱、沙茶酱、鱼露等。

|经典粤菜|

东江盐焗鸡

菜肴故事

300 多年前，东江沿海地区的一些盐场里，由于人们的工作时间很长，没有充裕的时间煮饭做菜，便习惯用盐储存煮熟的鸡。家里若有客至，随时可拿来招呼客人，食用方便。经过盐储的鸡，味道不但不变，还特别甘香鲜美。于是，这道菜逐渐流传开来，成为广东的一道传统菜。因此菜始于东江一带，故称这种鸡为东江盐焗鸡。

特 色

“东江盐焗鸡”为广东的一道传统名菜。因此菜始于东江一带，故名。它是将鸡先用盐腌制后，再用纸包好，放入炒热的盐中制熟的菜品，具有色泽黄亮、皮脆肉嫩、盐香味浓、诱人食欲的特点。

原 料

原料	用量
净嫩鸡	1只
粗盐	3000克
油纸	5张
沙姜	5克
盐焗鸡粉	5克
盐	3克

制法

1. 将净嫩鸡晾干表面水分；沙姜洗净，切成碎粒。

2. 将盐和盐焗鸡粉放在一起拌匀，均匀抹在鸡的表面和腹腔，再把切碎的沙姜装入腹内，用油纸逐层将鸡包好，待用。

3. 坐锅点火，倒入粗盐，用铲子不停地翻炒至滚烫，取 1/3 装入砂锅内，纳入包好的鸡后，再把剩余的粗盐倒入，盖住鸡，加盖以中火焗 30 分钟，取出，去油纸，切块装盘即成。

东江酿豆腐

特色

“东江酿豆腐”为广东客家的一道传统名菜，它是将猪肉、鱼肉、虾米、冬菇等料拌成馅后酿入豆腐中，先以慢火煎熟上色，再以小火烧制而成，具有形态完整、色泽悦目、豆腐嫩滑、汤汁香浓的特点。

原料

原料	用量	原料	用量	原料	用量
豆腐	**500 克**	香葱	**15 克**	胡椒粉	**适量**
猪五花肉	**100 克**	姜	**5 克**	鲜汤	**适量**
鱼肉	**50 克**	料酒	**10 毫升**	水淀粉	**适量**
泡发虾米	**15 克**	盐	**适量**	色拉油	**适量**
干淀粉	**15 克**	酱油	**适量**		

制法

❶

豆腐切成 3.3 厘米长、0.8 厘米宽的块，用小刀把中间挖空；将猪五花肉、鱼肉、泡发虾米分别切成末；姜剁成末；香葱择洗净，切碎花。

❷

猪肉末纳入盆中，加入鱼肉末、虾米末、料酒、姜末、盐和干淀粉拌匀成馅；在豆腐块内撒入少许盐，加入调好的馅料，做成“酿豆腐”生坯，摆在盘中，上笼蒸约 10 分钟取出。

❸

坐锅点火，注入色拉油烧至七成热，放入蒸好的“酿豆腐”生坯，煎炸成金黄色，滗出余油；加入 10 克葱花爆香，掺鲜汤，加盐、酱油和胡椒粉调好色味。待豆腐烧入味，勾水淀粉推匀，出锅装盘，撒上剩余葱花便成。

原料

鲜牛奶	200 毫升	鲜虾仁	25 克
鸡蛋清	250 克	干淀粉	15 克
熟火腿	15 克	料酒	5 毫升
熟鸡肝	25 克	盐	适量
熟蟹肉	25 克	色拉油	适量

制法

1. 鸡蛋清入碗，用筷子充分打散，倒入鲜牛奶，加入盐和 10 克干淀粉，搅匀；熟火腿、熟鸡肝分别切片；熟蟹肉撕碎；鲜虾仁洗净，用料酒和 5 克干淀粉拌匀，待用。

2. 坐锅点火，倒入色拉油烧至四成热时，放入虾仁和鸡肝片滑炒一下，倒出控净油分，同熟蟹肉和熟火腿片放入牛奶蛋液内搅匀，待用。

3. 炒锅上火，放适量底油烧至三成热时，倒入调好的牛奶蛋液，用手勺不停地推炒至凝结成熟，盛出装盘即成（也可以撒些葱花点缀）。

|经典粤菜|

大良炒牛奶

特色

“大良炒牛奶”乃广东传统风味名菜，它是以鲜牛奶为主料，搭配鸡蛋清、熟火腿片、熟鸡肝、熟蟹肉和熟虾仁，采用软炒的方法烹制而成，具有味道鲜香、质感软滑、入口即化的特点。

|经典粤菜|

菠萝咕噜肉

特色

"菠萝咕噜肉"又称"甜酸肉"或"咕咾肉"，为广东的一道传统名菜。它是将切块的猪肉挂糊油炸后，搭配菠萝和酸甜汁烹制而成的，具有色泽橙黄、外焦内嫩、酸甜可口的特点，深受中外宾客的欢迎。

原料

原料	用量	原料	用量	原料	用量
猪五花肉	200克	干淀粉	30克	料酒	10毫升
菠萝果肉	150克	白醋	45毫升	蒜蓉	5克
青椒	25克	白糖	30克	盐	3克
红彩椒	25克	番茄酱	30克	水淀粉	20毫升
鸡蛋	1个	辣酱油	15毫升	色拉油	300毫升

制法

1. 将猪五花肉切成1.5厘米厚的片，用刀背把两面敲松，再切成边长2厘米的菱形块；菠萝果肉切成块；青椒、红彩椒分别切成菱形片。

2. 猪肉块纳入碗中，加入2克盐和料酒拌匀，腌约15分钟，再加入鸡蛋和干淀粉拌匀，使其表面均匀挂上一层蛋糊；小碗内放入白醋、白糖、番茄酱、辣酱油、1克盐和水淀粉调匀成糖醋汁，备用。

3. 坐锅点火，注入色拉油烧至五成热时，下入猪肉块浸炸至熟捞出；待油温升高，再次下入猪肉块，复炸至外焦内嫩，倒出控油；原锅随适量底油复上火位，下蒜蓉炸香，续下菠萝块略炒，烹入糖醋汁炒匀，倒入炸好的猪肉块和青、红椒片，翻匀装盘便成。

|经典粤菜|

鼎湖上素

特色

粤菜中有一道传统的经典名菜叫“鼎湖上素”，它是选取上好的香菇、草菇、木耳和银耳，配上笋干等烹制而成，色泽鲜艳，芳香扑鼻，吃起来甘香脆口、爽滑鲜甜。

原料

银耳	15克	莲子	25克	盐	5克
干香菇	5朵	西蓝花	100克	白糖	3克
鲜草菇	10朵	胡萝卜	100克	水淀粉	适量
竹荪	10克	蚝油	15克	香油	适量
干木耳	5克	料酒	10毫升	色拉油	适量
冬笋	75克				

制法

❶ 银耳用温水泡透，撕成小朵；干香菇泡透后，去蒂，在表面切十字花刀；鲜草菇洗净，一切两半；竹荪泡发好后，斜刀切成段；干木耳用冷水泡透后撕成小朵；冬笋切薄片；莲子用冷水泡涨，剔去莲心；西蓝花洗净，切成小朵；胡萝卜洗净去皮，切成蝴蝶片。

❷ 锅内添水用旺火烧开，放入3克盐和10毫升色拉油，依次放入西蓝花、香菇、冬笋、竹荪和草菇焯透，捞出控去水分。

❸ 坐锅点火，注入色拉油烧至六成热，放入蚝油炒出香味后，倒入所有原料炒透，烹料酒，加白糖和剩余盐调味，勾水淀粉，淋香油，炒匀装盘即成。

原料

猪夹心肉	**500 克**	料酒	**10 毫升**
叉烧酱	**30 克**	红糖	**5 克**
生抽	**30 毫升**	姜	**5 片**
蜂蜜	**15 克**		

制法

❶

将猪夹心肉洗净，切成两大块，用钢针戳上小洞，纳入盆中，加姜片和料酒，拌匀腌半小时，再加入叉烧酱和生抽，拌匀入冰箱冷藏室腌 24 小时以上。

❷

蜂蜜和红糖放在碗内，调匀成蜜汁，待用。

❸

将腌好的猪夹心肉放在垫有锡纸的烤盘上，送入预热 220°C的烤箱内烤 30 分钟，取出刷上一层蜜汁，续烤 5 分钟，取出再刷上一层蜜汁，再烤 5 分钟，取出晾冷，切片装盘即成（可放颗樱桃和一些香菜叶点缀）。

|经典粤菜|

叉烧肉

特色

“叉烧肉”为烧烤肉的一种，在粤菜中是极具代表性的一道菜。它是以猪肉为主料，用叉烧酱等调料腌制后，烤制而成的一种熟肉制品，具有色泽酱红、肉质紧实、味道甜咸、香味四溢的特点。

|经典粤菜|

烤乳猪

特色

“烤乳猪”是广东最著名的一道特色大菜，早在西周时，此菜就已被列为“八珍”之一，那时称为“炮豚”。该菜是以小乳猪为主料，经过腌制入味后，再上火烤熟而成，以其色泽红亮、皮脆酥香、肉质细嫩、鲜味香浓的特点，受到中外食客的欢迎。

原料

原料	用量	原料	用量
净乳猪	1只	白酒	适量
盐	50克	蒜泥	适量
五香粉	5克	干葱碎	适量
豆瓣酱	适量	白糖	适量
豆腐乳	适量	皮水	适量
芝麻酱	适量	香油	适量

制法

1. 将净乳猪从臀部内侧顺脊骨劈开，除去板油，剔去前胸3～4根肋骨和肩胛骨。再用清水彻底冲洗干净，沥去水分；盐和五香粉调匀成五香盐；豆瓣酱、豆腐乳、芝麻酱、白酒、蒜泥、干葱碎和白糖在碗内调匀成腌酱。

2. 将五香盐涂于猪腹腔内，腌约30分钟，晾干水分，再涂抹上调好的酱料腌30分钟。

3. 将腌味的乳猪用铁叉将猪头斜叉，先用凉水冲净皮上的油污，再用沸水淋至皮硬为止，擦干表面水分，均匀地涂抹上一层皮水，挂在通风处，吹干表皮。

4. 将乳猪架于烤炉上烤制30分钟左右，在猪皮开始变色时，取下来用针刺些小孔，并刷平渗出的油脂，再烤制20～30分钟至成熟，取下后趁热抹匀一层香油，把乳猪放在大盘里即成（可在周围点缀些欧芹）。

香芋扣肉

特色

“香芋扣肉”是广东的一道很有特色的经典菜品，它是以猪五花肉为主料，经过油炸切片后，搭配芋头片装碗，浇上酱汁蒸制而成，具有酱红明亮、入口即化、香而不腻、味道鲜美的特点。

原料

原料	用量	原料	用量
带皮猪五花肉	**1块（约500克）**	白糖	**15克**
芋头	**250克**	盐	**少许**
葱花	**适量**	香油	**少许**
玫瑰露酒	**30毫升**	老抽	**适量**
豆腐乳	**2块**	骨头汤	**适量**
柱侯酱	**15克**	色拉油	**适量**

制法

1. 将带皮猪五花肉放入开水锅中，以中火煮半小时，捞出擦干水分，趁热在表皮抹匀一层老抽，晾干，投入到烧至七成热的色拉油锅里炸至皮起褶皱，捞出控油，再用热水泡软。

2. 把五花肉切成厚约0.3厘米的长方片；芋头去皮洗净，也切成和肉一样大小的片；豆腐乳入碗压成泥，加入柱侯酱、玫瑰露酒、白糖、老抽和骨头汤调匀成酱料。

3. 将五花肉片皮朝下与芋头片间隔着码在蒸碗里，浇上调好的酱料，用保鲜膜封口，上笼用大火蒸2小时至软烂，取出扣在盘中，淋香油，撒葱花即成。

原料

牛腿肉	250 克	鱼露	30 毫升
猪肥肉	50 克	盐	适量
虾米	15 克	胡椒粉	适量
干淀粉	15 克	香油	适量
香菜	10 克	沙茶酱	1 小碟

制法

1. 牛腿肉去筋膜后先切成小丁，再剁成肉泥，加 5 克干淀粉、盐和 15 毫升鱼露，续剁 15 分钟；猪肥肉剁成末；虾米泡软，洗净切碎；香菜洗净，切碎。

2. 牛肉泥入盆，加入虾米碎、猪肥肉末、15 毫升鱼露和 10 克干淀粉，用手顺一个方向搅拌上劲，待用。

3. 汤锅坐火上，添入适量清水，烧至锅底起鱼眼泡时，左手抓取肉馅，从虎口挤出丸子放入锅中，以小火煮熟，加盐和胡椒粉调味，撒香菜碎，淋香油，起锅盛碗，配上沙茶酱佐食。

|经典粤菜|

潮汕牛肉丸

特色

“潮汕牛肉丸”源于客家菜，为广东的一道经典名菜。它是选用新鲜的牛腿肉制馅，做成丸子后煮熟，连汤上桌，配上沙茶酱佐食的一道菜品，成品滑弹细嫩，味道鲜美。

|经典粤菜|

广式烧鹅

特色

“广式烧鹅”为广东的一道经典烧烤名菜，它是以鹅为主要原料，经过腌制和烤制而成，具有金红油亮、皮脆肉嫩、味道香浓的特点。

原料

原料	用量	原料	用量
净鹅	***1只***	大红浙醋	***10毫升***
鹅酱	***100克***	玫瑰露酒	***10毫升***
混合香料粉	***100克***	麦芽糖	***50克***
白醋	***100毫升***		

制法

1. 将净鹅从屁股处挖去腹内的油脂、肺、喉，用清水浸泡1小时，换清水洗净血水，沥干水分。先取混合香料粉擦匀内壁，再放入鹅酱抹匀内壁，用针线缝合尾部开口处，腌渍半小时，把打气机的管子插入鹅的气管处给鹅打气，使鹅皮鼓起。

2. 将白醋、大红浙醋、玫瑰露酒和麦芽糖在碗内混合成脆皮水；汤锅坐火上，添入适量清水烧沸，抓住鹅的头部用手勺舀沸水淋在鹅身上，直至鹅身表皮收紧、色泽由白变黄，然后擦干水分，抹匀脆皮水，用铁钩把鹅挂起，用风扇吹4小时至干。

3. 将鹅放入烤炉内，敞口烤10分钟，盖上烤炉的盖子，用2500～2600°C的炉温烤制15分钟，降温至2000～2200°C续烤25分钟至熟即成（装盘后周围可用欧芹和樱桃点缀）。

|经典粤菜|

蚝油牛肉

特色

“蚝油牛肉”是广东的一道特色传统家常名菜，即选用牛里脊肉为主料，配以广东特有的蚝油，经滑炒烹制而成，菜品蚝香味浓、质感嫩滑、回味无穷，深受各地食客的喜爱。

原料

牛里脊肉	**250 克**	葱花	**5 克**	胡椒粉	**适量**
净菜心	**100 克**	姜末	**3 克**	水淀粉	**适量**
干淀粉	**30 克**	蒜片	**3 克**	鲜汤	**适量**
蚝油	**30 克**	盐	**适量**	香油	**适量**
料酒	**10 毫升**	老抽	**适量**	色拉油	**适量**

制法

1. 将牛里脊肉切成铜钱厚的大片，纳入碗中，加盐、料酒和 100 毫升清水拌匀，再加老抽和干淀粉拌匀，最后加 30 毫升色拉油拌匀；将鲜汤、老抽、胡椒粉、水淀粉和香油在小碗内调成芡汁。

2. 坐锅点火炙热，注入色拉油烧至四成热，分散下入牛肉片滑至八成熟，倒入漏勺内沥去油分。

3. 原锅重上火位，将菜心放入加了盐的沸水锅中焯成翠绿色，盛在盘中垫底；炒锅重坐火上，放适量底油烧热，投入葱花、姜末和蒜片爆香，下蚝油略炒，续下牛肉片炒匀，倒入芡汁，快速翻炒均匀，装在盘中菜心上即成。

原料

瘦牛肉	200克	盐	适量	香油	适量
鸡蛋清	2个	胡椒粉	适量	色拉油	适量
香菜	5克	上汤	适量	小苏打	少许
料酒	10毫升	水淀粉	适量		

制法

将瘦牛肉洗净，切成小粒，放入碗中，加入小苏打拌匀；鸡蛋清入碗，用筷子充分搅散；香菜择洗干净，切成碎末。

2

炒锅坐火上，添入适量清水烧开，放入牛肉粒焯至变色，捞出沥尽水分。

3

炒锅重坐火上，放入色拉油烧至六成热，烹料酒，加入上汤、盐和胡椒粉，倒入牛肉粒，用手勺搅匀，待煮沸后，勾入水淀粉。待汤汁浓稠后，淋入鸡蛋清，点香油，出锅盛在汤盆内，撒上香菜末即成。

|经典粤菜|

蛋蓉牛肉羹

特色

“蛋蓉牛肉羹”为广东菜系里的一道家常名肴，它是以牛肉粒为主料，搭配鸡蛋清、香菜末等料煮制而成的，具有色泽悦目、汤汁柔滑、牛肉软嫩、味道咸香的特点。

|经典粤菜|

白云猪手

菜肴故事

相传古时候，在广州的白云山里有一座寺庙，寺庙后有一股清泉，特别甘甜清洌。寺庙里有个小和尚，天天为和尚们煮饭。小和尚从小喜欢吃猪肉。有一天，趁师父外出，他偷偷买了些猪手煮食。谁知刚把猪手煮好，师父就回来了。小和尚慌忙将猪手扔到寺庙后的清泉坑里。过了几天，趁师父不在，他赶紧到山泉里把那些猪手捞上来，发现猪手不但没有腐臭，反而更加白净。小和尚将猪手拌上糖和白醋食用，不肥不腻，又爽又甜，美味可口。后来，白云猪手传到民间，人们如法炮制，成为了广东的一道经典名菜。

特色

“白云猪手”是广东的一道传统名菜，它是以猪前蹄为主要原料，煮熟后先用矿泉水泡冷，再用糖醋汁泡入味而成，具有色泽白净、酸中带甜、皮脆肉嫩的特点。

原料

原料	用量	原料	用量
猪前蹄	2个	白醋	100毫升
矿泉水	2瓶	白糖	50克
姜	5克	冰糖	25克
大葱	5克	盐	适量
红小米椒	3个		

制法

1. 将猪前蹄皮上的残毛污物刮洗干净，先用刀劈成两半，再剁成合适大小的块；姜洗净，切片；大葱切段；红小米椒洗净，切圈。

2. 汤锅坐火上，添入适量清水，放入猪蹄块、姜片和葱段，用大火烧沸，撇净浮沫，转小火煮熟，捞出控干水分，再用矿泉水泡约 3 小时至冷透。

3. 汤锅重坐火上，倒入适量清水，加入白醋、白糖、冰糖和盐，熬至熔化，尝好酸甜味，倒在保鲜盒里。待彻底晾冷后，放入猪蹄块和红小米椒圈，浸泡 5 小时以上，捞出装盘即成。

|经典粤菜|

白切鸡

特色

“白切鸡”为广东的一道传统名肴，在宴席上，白切鸡往往作为首选，其魅力可见一斑。它是以嫩子鸡为原料，经过煮熟浸凉后，改刀切块，佐以姜葱油碟食用，具有制作简易、熟而不烂、皮爽肉滑、滋味鲜美的特点。

原料

原料	用量
净嫩子鸡	**1只**
姜	**50克**
葱白	**50克**
盐	**5克**
花生油	**60毫升**

制法

❶

姜洗净去皮，切成小粒，入钵捣成细泥；葱白切成细丝。将两者一起放入碗内，加入盐拌匀，待用。

❷

炒锅用中火加热，倒入花生油烧至七成热时，取出 50 毫升倒入装有姜泥和葱丝的小碗里，调匀成姜葱油碟；剩下 10 毫升花生油盛起待用。

❸

用铁钩钩住鸡，放入微沸的沸水锅内浸没，每隔 5 分钟提起一次，倒出腹腔内的水，再放入锅内浸煮。约 15 分钟后鸡便熟，捞出迅速放入冷开水中冷却，取出晾干，涂匀花生油，切成小块，整齐码入盘内，随姜葱油碟上桌即成（可以放些欧芹点缀）。

原料

原料	用量	原料	用量	原料	用量
净鸡爪	**300克**	蚝油	**适量**	老抽	**适量**
蒜	**2瓣**	白糖	**适量**	水淀粉	**适量**
鲜红椒	**5克**	盐	**适量**	香油	**适量**
香葱	**5克**	料酒	**适量**	色拉油	**适量**
鲍鱼汁	**适量**				

制法

将净鸡爪剁去爪尖，放入碗里，加入老抽拌匀上色；蒜拍松，切末；鲜红椒切粒；香葱择洗干净，切碎花。

2

坐锅点火，注入色拉油烧至六成热时，放入鸡爪炸约 2 分钟，捞出控油。

3

锅里添清水烧开，纳入炸好的鸡爪，放入盐、料酒和老抽，盖上盖子，以小火焖煮 15 分钟，捞出沥去汁水。

4

原锅随适量底油复上火位，下蒜末和红椒粒爆香，加适量清水煮沸，调入鲍鱼汁、蚝油、白糖、盐，倒入鸡爪烧约 1 分钟，用水淀粉勾芡，淋香油，翻匀出锅装盘即成。

|经典粤菜|

蚝皇凤爪

特色

“蚝皇凤爪”系一道广东的传统名菜，它是以鸡爪为主料，先炸后煮再烧制而成，具有色泽红亮、鸡爪筋道、咸香微辣的特点。

柱侯焗乳鸽

特色

“柱侯焗乳鸽”为广东的一道风味名菜，它是以乳鸽为主料，柱侯酱为主要调料，采用粤菜擅用的焗法烹制而成，具有色泽褐红、鸽肉软嫩、味道鲜美的特点。

原料

原料	用量	原料	用量
净乳鸽	1只	老抽	适量
柱侯酱	100克	盐	适量
香葱	5克	水淀粉	适量
姜	5克	香油	适量
蒜	2瓣	色拉油	适量
料酒	适量	高汤	500毫升

制法

1. 将净乳鸽放入沸水锅中烫一下，捞出擦干水分，趁热在表面抹匀一层老抽，自然晾干；香葱切碎花；姜切片；蒜用刀拍裂。

2. 坐锅点火，注入色拉油烧至七成热时，放入乳鸽炸成枣红色，捞出控净油分。

3. 锅留适量底油复上火位，爆香葱花、姜片和蒜，下入柱侯酱炒香，添入高汤，加盐和料酒调味，放入乳鸽，以小火焗约20分钟，取出切块，摆成原形装盘，把锅里汤汁勾水淀粉，淋香油，起锅淋在鸽子上即成。

原料

鲜虾仁	**250 克**	干淀粉	**15 克**	胡椒粉	**1 克**
鸡蛋	**3 个**	水淀粉	**10 毫升**	盐	**适量**
鸡蛋清	**1 个**	料酒	**10 毫升**	香油	**适量**
香葱	**10 克**	小苏打	**1 克**	色拉油	**适量**

制法

将洗净的鲜虾仁挤干水分，纳入碗中，加小苏打，用手轻轻抓搓一会，再加清水泡一会，换清水洗两遍，挤干水分；香葱择洗净，切成碎花。

2

虾仁纳入碗中，加盐、鸡蛋清和干淀粉拌匀上浆；鸡蛋磕入碗内，加料酒、盐、胡椒粉、香油、水淀粉和香葱花，充分搅拌均匀。

3

坐锅点火炙热，倒入色拉油烧至四成热时，放入虾仁炒至八成熟，倒出控净油分。锅随适量底油复上火位，倒入鸡蛋液和虾仁一起炒匀，盛入盘中即成。

|经典粤菜|

滑蛋虾仁

特色

“滑蛋虾仁”系广东的一道传统名菜，它是以鲜虾仁和鸡蛋为主料，采用滑炒的方法烹制而成的，具有色泽浅黄、质感软滑、味道鲜香的特点。

|经典粤菜|

豉椒炒鳝片

特色

“豉椒炒鳝片”是广东的一道家常名菜，它是以鳝鱼肉为主料，搭配青、红椒烹炒而成，具有鳝肉鲜嫩、豉椒味浓的特点。

原料

原料	用量	原料	用量	原料	用量
净鳝鱼肉	**250克**	豆豉	**25克**	老抽	**适量**
青椒	**50克**	料酒	**10毫升**	水淀粉	**适量**
红椒	**50克**	白糖	**少许**	香油	**适量**
香葱	**10克**	胡椒粉	**少许**	色拉油	**适量**
蒜	**2瓣**	盐	**适量**	上汤	**适量**

制法

1. 将鳝鱼肉切大片，纳入碗中，加盐拌匀；青、红椒洗净，切菱形片；蒜拍松，切末；香葱择洗干净，切段。

2. 坐锅点火，注入色拉油烧至五成热时，倒入鳝鱼片滑至八成熟，捞出控净油分。

3. 锅留底油复上火位，下蒜末、葱段、豆豉和青、红椒片爆香，倒入鳝鱼肉片，烹料酒，边炒边加入上汤、老抽、盐、白糖和胡椒粉炒匀，勾水淀粉，淋香油，炒匀，出锅装盘即成。

原料

生鱼肉	200克	蒜	4瓣	胡椒粉	适量
西芹	100克	香葱	5克	水淀粉	适量
草菇	25克	姜	3克	香油	适量
胡萝卜	15克	料酒	适量	色拉油	适量
鸡蛋清	1个	盐	适量	上汤	100毫升
干淀粉	15克				

制法

1. 将生鱼肉切成厚约0.2厘米的大片；西芹洗净去筋络，斜刀切菱形块；草菇洗净，对切两半；胡萝卜切花刀片；蒜切片；香葱切段；姜切片。

2. 生鱼片纳入碗中，放入盐、料酒、鸡蛋清和干淀粉拌匀上浆；另取一小碗，放入上汤、盐、胡椒粉、香油和水淀粉对成芡汁。

3. 炒锅坐火上，添入适量清水烧开，加入少许油和盐，放入西芹、草菇和胡萝卜片焯一下，捞出控净水分。

4. 坐锅点火炙热，注入色拉油烧至四成热时，下入生鱼片滑散至八成熟，捞出控净油分；原锅随适量底油复上火位，下入蒜片、葱段和姜片爆香，投入西芹、草菇和胡萝卜片炒干水汽，倒入鱼片和芡汁，翻炒均匀，出锅装盘即成。

|经典粤菜|

西芹生鱼片

特色

“西芹生鱼片”是广东的一道名菜，它是以生鱼肉片为主料，搭配西芹、草菇、胡萝卜等滑炒而成的，具有色泽鲜亮、鱼片滑嫩、西芹爽脆、咸香可口的特点。

| 经典粤菜 |

蒜子瑶柱脯

特色

“蒜子瑶柱脯”为一道传统的广东风味名菜，它是以水发瑶柱为主料，配上油炸蒜子合蒸而成的，具有形态美观、味道鲜香、口感绵软、蒜味浓郁的特点。

原料

原料	用量	原料	用量
水发瑶柱	**250 克**	盐	**适量**
蒜	**120 克**	老抽	**适量**
料酒	**15 毫升**	胡椒粉	**适量**
姜汁酒	**10 毫升**	香油	**适量**
蚝油	**10 克**	上汤	**适量**
白糖	**5 克**	水淀粉	**适量**

制法

❶ 坐锅点火，注入色拉油烧至六成热时，下入蒜炸黄，捞出控油，再放入加有姜汁酒的上汤里煮一下，捞出沥去水分。

❷ 将水发瑶柱撕去表层老筋，码入碗内，加入上汤和姜汁酒，上笼用大火蒸半小时，放入蒜，续蒸约 20 分钟，取出滗出汤汁，把瑶柱翻扣在盘内。

❸ 将滗出的汤汁入锅烧开，加蚝油、盐、白糖、胡椒粉和老抽调好色味，勾水淀粉，淋香油，搅匀后起锅淋在盘中的食物上即成（可撒些葱花点缀）。

原料

鲈鱼	1条（约750克）	料酒	15毫升	水淀粉	适量
油菜	25克	干淀粉	15克	香油	适量
胡萝卜片	15克	白糖	5克	色拉油	适量
葱段	10克	盐	适量	上汤	100毫升
姜片	5克				

制法

❶

将鲈鱼宰杀治净，取下两侧鱼肉，去皮后切成2厘米见方的块，纳入碗中，加盐拌匀，腌制10分钟，再加干淀粉拌匀上浆。

❷

另取一碗，放入上汤、盐、白糖、料酒、香油和水淀粉对成芡汁；锅内添上汤烧沸，加入油菜和胡萝卜片焯透，捞出投凉，备用。

❸

坐锅点火炙热，注入色拉油烧至四成热时，放入鱼块滑熟，捞出控油；锅留适量底油，下入姜片和葱段爆香，倒入滑好的鱼块、油菜、胡萝卜片和芡汁，快速翻匀装盘即成。

|经典粤菜|

香滑鲈鱼球

特色

“香滑鲈鱼球”是广东十大海鲜名菜之一，它是以鲈鱼肉为主料，经过切块、上浆、滑油后，再回锅熘炒而成，具有色泽素雅、鱼肉滑嫩、味道鲜醇的特点。

|经典粤菜|

清蒸鳜鱼

特 色

“清蒸鳜鱼”为粤菜“十大名鲜”之一。它是以鲜鳜鱼为主料，采用清蒸法烹制而成，具有简单大方、肉滑细嫩、味道鲜醇的特点。

原 料

原料	用量	原料	用量
鲜鳜鱼	1条（约600克）	蒸鱼豉油	50毫升
葱白	25克	化猪油	25毫升
姜	10克	花生油	50毫升
料酒	15毫升	鲜红椒	10克

制 法

❶

将鳜鱼宰杀治净，用毛巾吸干水分后，从头至尾用刀贴着脊背骨划刀口，在其表面和腹腔内抹匀料酒；取葱白10克切细丝，其余15克切条；姜一半切片，另一半切细丝。鲜红椒切细丝，同葱白丝和姜丝一起放在小碗内，用冷水泡至卷曲，待用。

❷

把葱条间隔着横放在条形盘子上，桂鱼放在上面，随后在鳜鱼表面放上姜片，淋上化猪油，入笼用大火蒸8分钟，取出，去除葱条和姜片，撒上葱丝、姜丝和红椒丝。

❸

与此同时，将花生油入锅烧至七成热，淋在葱丝、姜丝和红椒丝上，最后把蒸鱼豉油淋在鳜鱼周边即成。

原料

大虾	400 克	香油	适量
番茄汁	50 毫升	胡椒粉	1 克
喼汁	15 毫升	色拉油	适量
白糖	5 克	葱花	少许
盐	4 克		

制法

❶

将大虾剪去须足，挑去虾线，用清水洗净，沥干水分，大的虾切成三段，中虾切成两段；把番茄汁、喼汁、白糖、盐和胡椒粉一起放在碗内，调匀成味汁，待用。

❷

坐锅点火，注入色拉油烧至六成热时，放入虾炸至八成熟，倒出控油。

❸

再把虾回锅煎成金红色，倒入调好的味汁炒匀，加香油和 15 毫升热油，翻匀出锅装盘，点缀葱花即成。

|经典粤菜|

干煎虾碌

特色

“干煎虾碌”为广东特色传统名菜之一，也是粤菜“十大名鲜”之一。该菜以大虾作主料，先炸后煎，配以酸甜汁烹制而成，具有红艳明亮、外皮焦香、肉质脆嫩、味道酸甜的特点。

|经典粤菜|

白灼虾

特色

“白灼虾”为粤菜系里的一道风味名菜，它是以鲜大虾为主料，经过白水煮熟后，蘸上调味汁食用的，虽然制法简单，但是虾肉脆甜，味道特别。

原料

鲜大虾	**300克**	鲜柠檬	**1片**	胡椒粉	**少许**
蔬菜汁	**100毫升**	生抽	**15毫升**	盐	**少许**
葱白	**15克**	料酒	**10毫升**	白糖	**少许**
姜	**10克**	蚝油	**5克**	香油	**10毫升**
鲜红椒	**5克**	鱼露	**5毫升**	色拉油	**15毫升**

制法

1. 鲜大虾剪去须足，挑去虾线，洗净；葱白取5克切段，剩余切细丝；姜5克切片，另5克切细丝；鲜红椒切细丝。

2. 蔬菜汁入锅烧开，加入料酒、生抽、蚝油、鱼露、胡椒粉、盐和白糖熬5分钟，盛入小碗晾冷；把葱丝、姜丝和红椒丝倒入烧至七成热的香油和色拉油锅中，再倒入调好的蔬菜汁，翻匀成调味汁，待用。

3. 汤锅坐火上，添入适量清水烧开，放入葱段、姜片、柠檬片和洗净的大虾，烧沸后煮1分钟左右，捞出沥去水分，整齐地码在盘中（可点缀少许欧芹），随调味汁上桌蘸食。

原 料

鲜虾仁	150 克	姜	5 克	水淀粉	适量
冬瓜	200 克	盐	适量	香油	适量
鸡蛋清	2 个	胡椒粉	适量	色拉油	适量
干淀粉	15 克	上汤	适量	小苏打	少许

制 法

将冬瓜去皮及瓤，先切成薄片，再切成细丝；姜洗净去皮，切成细丝；鲜虾仁纳入碗中，放入小苏打，用手轻轻抓搓一会，换清水洗两遍，挤干水分，加盐和干淀粉拌匀上浆。

坐锅点火炙热，注入色拉油烧至四成热时，放入虾仁滑炒至八成熟，倒出控净油分；鸡蛋清入碗，用筷子充分搅拌均匀，待用。

炒锅复上火位，加入上汤，放入冬瓜丝、姜丝、盐和胡椒粉。待冬瓜丝煮软后，倒入滑好的虾仁，煮沸后勾水淀粉，使其汤汁浓稠，撇净浮沫，淋入鸡蛋清，加香油，搅匀盛入汤盆内即成（可撒些葱花点缀）。

|经典粤菜|

鲜虾烩瓜蓉

特 色

“鲜虾烩瓜蓉”系广东的一道传统家常名菜，它是以冬瓜为主料，搭配鲜虾仁烩制而成，具有色泽洁白、清淡可口、味道咸鲜的特点。

|经典粤菜|

蜜椒排骨

特色

“蜜椒排骨”原名叫“秘旨排骨”，为广东风味的一道名菜。它是将肉排经腌味、油炸成熟后，再裹上用蚝油、生抽、蜂蜜、黑胡椒粉和鲜汤调成的蜜椒汁制成的一道菜品，具有色泽褐红明亮、骨肉焦嫩香醇、味道咸甜、胡椒味突出的特点。

原料

原料	用量	原料	用量	原料	用量
猪排骨	**500克**	蜂蜜	**15克**	盐	**3克**
干淀粉	**30克**	料酒	**10毫升**	鲜汤	**100毫升**
嫩肉粉	**5克**	姜汁	**5毫升**	水淀粉	**适量**
生抽	**30毫升**	黑胡椒粉	**3克**	色拉油	**适量**
蚝油	**15克**				

制法

❶

将猪排骨剁成5厘米长的段，加入嫩肉粉拌匀，腌15分钟，用清水漂洗沥干，加入料酒、姜汁、盐和干淀粉拌匀，再加30毫升色拉油拌匀，腌1小时；用生抽、蚝油、蜂蜜、黑胡椒粉和鲜汤在小碗内调成蜜椒汁，待用。

❷

坐锅点火，注入色拉油烧至五成热时，逐块下入排骨炸熟捞出；待油温升高，再下入排骨炸至焦脆，倒出控净油分。

❸

锅留适量底油烧热，倒入调好的蜜椒汁和排骨炒匀，用水淀粉勾芡，翻匀装盘上桌（可点缀些葱白丝和香菜叶）。

原料

原料	用量	原料	用量	原料	用量
鲳鱼	**1条**	喼汁	**30毫升**	盐	**3克**
姜	**10克**	老抽	**15毫升**	鲜汤	**150毫升**
香葱	**5克**	白糖	**15克**	水淀粉	**适量**
蒜	**2瓣**	姜汁酒	**15毫升**	香油	**适量**
生抽	**45毫升**	料酒	**10毫升**	色拉油	**适量**

制法

将鲳鱼宰杀治净，在两面切上深至鱼骨的一字刀口；姜洗净，一半切片，另一半剁成细蓉；香葱切段；蒜拍裂。

2

鲳鱼纳入盆中，加入姜蓉、姜汁酒和15毫升生抽，用手抓拌均匀，腌约15分钟；与此同时，用30毫升生抽、老抽、喼汁、白糖、盐和鲜汤调成煎封汁。

3

坐锅点火炙热，倒入色拉油烧至六成热时，放入鲳鱼，煎至八成熟且两面金黄时铲出；锅留适量底油，下入蒜、姜片和葱段爆香，放入鲳鱼，顺锅边烹入料酒，倒入煎封汁，加盖焖2分钟，把鱼翻转，再加盖焖3分钟至鱼熟入味，淋入水淀粉和香油，推匀后铲出装盘即成。

|经典粤菜|

煎封鲳鱼

特色

“煎封鲳鱼”为粤菜中的一道名菜。它是以新鲜的鲳鱼为主料，经过腌渍、油煎后，再加煎封汁焖制而成的。具有色泽金黄、肉质细嫩、鲜香味美、甜中带酸的特点，深受广大食客的喜爱。

第七篇

舌尖上的八大菜系之

经典徽菜

徽菜，即安徽风味菜，乃我国八大菜系之一。安徽位于华东的西北部，土地肥沃，物产富饶，为安徽菜系的形成奠定了物质条件。其菜系发端于唐宋，兴盛于明清，民国时期在绩溪进一步发展壮大，形成了今天的徽菜体系。

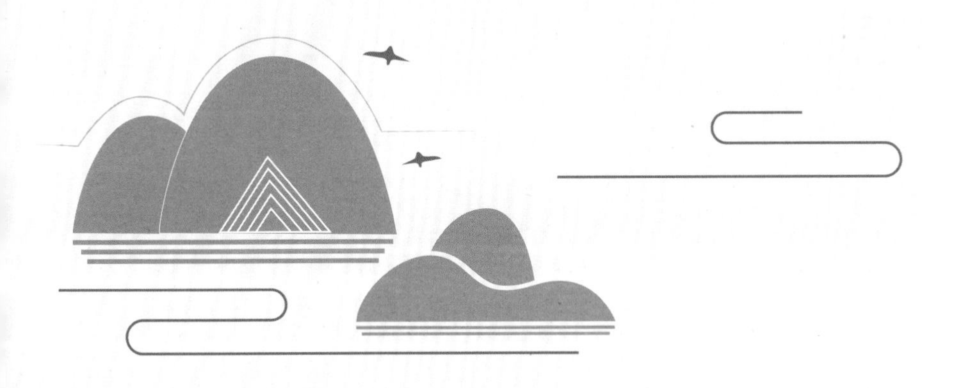

徽菜流派

徽菜以皖南、沿江和沿淮三种地方风味菜构成。

皖南菜主要是皖南地区的菜系，擅长炖、烧，如“清炖马蹄鳖”“徽州毛豆腐”等。

沿江菜以芜湖、安庆地区为代表，长于用烟熏烹制，如“生熏仔鸡”“毛峰熏鲥鱼”等。

沿淮菜主要由蚌埠、宿县、阜阳等地的风味菜构成，如“葡萄鱼”“鱼咬羊”等。

徽菜特色

选料严谨，立足于新鲜活嫩；巧妙用火，以重油、重色、重火功为特色；擅长烧、炖、熏等烹法，以清炖、生熏最能体现徽菜特色。

|经典徽菜|

徽州毛豆腐

菜肴故事

据说，朱元璋幼年时在一家财主家做苦工，他白天放牛，晚上与长工们一起磨豆腐。后来，朱元璋被财主辞退了，过着沿街乞讨的生活，食不果腹。朱元璋没办法，便入寺当了和尚。因朱元璋最喜食豆腐，长工们送来鲜豆腐便藏在寺庙前的草堆里，朱元璋悄悄取走与和尚们分食。一次，寺里一连几天忙着做庙会，朱元璋没空去取豆腐。庙会结束，朱元璋去取豆腐，发现豆腐上已长了一层白毛，丢掉实在可惜，他就拿回庙中，用油煎食，觉得味道更加鲜香。后来朱元璋做了皇帝，便命御厨做这道“油煎毛豆腐”，作为御膳房必备佳肴。之后，此菜便成了享誉中外的名菜。

特色

“徽州毛豆腐”也叫“霉豆腐”，为徽菜里的传统名菜。它是将豆腐切成块状，进行发酵使之长出寸许白毛，然后用油煎成两面略焦，再红烧而成的菜品，鲜醇爽口，味道独特。据说，当年陈毅同志率领新四军在徽州一带活动时，就曾对毛豆腐情有独钟。

原料

原料	用量	原料	用量
毛豆腐	10块	盐	5克
香葱	10克	鲜汤	120毫升
姜	5克	色拉油	50毫升
酱油	3毫升		

制法

1. 将每块毛豆腐切成3小块；香葱择洗净，切成碎花；姜洗净，切末。

2. 坐锅点火，注入色拉油烧至六成热，放入毛豆腐块煎成两面金黄且表皮起皱时，加入5克葱花、姜末、鲜汤、白糖、盐和酱油烧2分钟，颠匀起锅装盘，撒上剩余葱花便成。

|经典徽菜|

腐乳爆肉

特色

“腐乳爆肉”为安徽的一道特殊风味菜肴，它是以红腐乳为主要调料制成酱汁，烹入滑好的里脊片爆炒而成，具有色泽红艳、肉质滑嫩、香气浓郁、咸鲜微甜的特点。

原料

猪里脊肉	200克	白糖	10克	水淀粉	10毫升
油菜	100克	香葱末	5克	鲜汤	75毫升
腐乳	3块	盐	5克	香油	适量
鸡蛋清	2个	干淀粉	10克	色拉油	适量

制法

1. 将猪里脊肉切成长方片，纳入碗，加盐、鸡蛋清和干淀粉拌匀上浆；油菜洗净，用刀在根部切十字刀口，焯熟控水，加盐和香油拌匀，根部朝外摆在圆盘边，备用。

2. 取一小碗，放入腐乳压成细泥，加入白糖、盐、香葱末、鲜汤和水淀粉调匀成芡汁。

3. 坐锅点火炙热，注入色拉油烧至四成热时，下入猪里脊片滑散至变色时，倒出控净油分；锅留适量底油复上火位，放入调好的芡汁，炒到浓稠时，倒入滑好的猪肉片，迅速翻炒均匀，淋香油，颠匀，盛入装有油菜心的盘中即可（可在肉片顶端点缀欧芹叶）。

原料

原料	用量	原料	用量	原料	用量
水发香菇	**12朵**	干淀粉	**适量**	酱油	**适量**
猪五花肉	**150克**	料酒	**适量**	鲜汤	**适量**
鸡蛋	**1个**	盐	**适量**	水淀粉	**适量**
姜	**5克**	胡椒粉	**适量**	香油	**适量**
大葱	**5克**				

制法

水发香菇去蒂；姜切末；大葱切末；猪五花肉剁成馅，纳入盆中，加姜末、葱末、盐、胡椒粉、料酒和鸡蛋拌匀，待用。

将香菇放入加有鲜汤的锅中，调入盐煮5分钟，捞出投凉，挤干水分，把内面朝上平放于案板上，撒少许干淀粉，抹上一层猪肉馅，再盖上另一片香菇，即成“香菇盒”生坯。依法将余料逐一做完，摆在盘中，上笼用中火蒸8分钟至刚熟，取出。

锅内添鲜汤烧开，加盐和酱油调好色味，用水淀粉勾芡，淋香油，搅匀后淋在香菇盒上即成。

|经典徽菜|

蒸香菇盒

特色

“蒸香菇盒”为徽菜里的一道传统名菜，它是将调好的猪肉馅用两个香菇夹住，采用蒸法烹制而成，具有形态美观、香菇软嫩、肉馅咸鲜的特点。

| 经典徽菜 |

符离集烧鸡

菜肴故事

此菜在清末民初时又叫“红曲鸡”。清宣统二年，山东发生了特大旱蝗灾害，山东德州人管在洲，带着妻子儿女逃荒流落到符离集。为了谋生，他以当地大小适中、肉质细嫩的麻鸡为原料，在当地“红鸡”的制作基础上，增加了许多调味品，制成了一种烧鸡，因其成品色泽酱红、油光闪亮、香气扑鼻，故将其命名为“红曲鸡”。由于“红曲鸡”比当地的“红鸡”更好吃，管在洲的生意自然十分兴旺。经过年复一年的不断改进，制法愈精，逐渐形成了现在的“符离集烧鸡”。1956 年，此菜还登上了人民大会堂国宴厅。

特 色 闻名中外的“符离集烧鸡”，历史悠久，源远流长。它是先将土鸡油炸上色后，再放入到加有香料的汤水里卤制成熟，晾冷食用的菜品，具有红润油亮、鸡肉酥嫩、香味浓郁的特点。

原 料

净土鸡	1只	花椒	5克	砂仁	2克)
姜块	20克	白芷	5克	盐	适量
蜂蜜	20克	山柰	3克	酱油	适量
香料包	1个（内装	丁香	3克	色拉油	适量
桂皮	10克	草果	3克	高汤	250毫升
陈皮	10克	肉蔻	3克	生菜叶	适量
八角	10克	小茴香	2克		

制法

1. 将净土鸡上的残毛洗净，擦干水分，把左翅膀与鸡脖子别好，再将鸡的腿骨敲断，交叉插入腹内呈椭圆形。

2. 把鸡的表皮晾干后，在其表皮均匀涂一层蜂蜜，晾至半干，放到烧至七成热的色拉油锅中炸成深黄色，捞出控净油分。

3. 汤锅坐火上，添入高汤和适量清水，放入姜块、香料包、盐、酱油和炸好的土鸡，大火烧开，转小火卤 2 小时至酥烂入味，捞出晾冷，摆在垫有生菜叶的盘中即成。

|经典徽菜|

酥糊里脊

特色

“酥糊里脊”为徽菜中的一道有名的炸菜，它是将猪里脊肉切成条，经腌制入味后，挂上酥糊油炸而成，具有色泽金黄、外酥里嫩、咸鲜可口、椒盐味香的特点。

原料

原料	用量	原料	用量
猪里脊肉	200克	香油	50毫升
料酒	25毫升	盐	适量
鸡蛋清	3个	花椒盐	适量
水淀粉	100毫升	色拉油	适量
面粉	40克		

制法

1. 将猪里脊肉上的一层筋膜剔净，切成厚约 0.5 厘米的片，用刀背拍松，切成 2 厘米宽的长方形条。

2. 猪里脊条纳入碗中，加盐和料酒拌匀，腌 10 分钟，再逐条裹匀一层面粉，抖掉余粉，待用；鸡蛋清入碗，先加入水淀粉和面粉调匀成糊状，再加入香油拌匀成酥糊。

3. 坐锅点火，注入色拉油烧至四成热时，将猪里脊条挂匀酥糊，下入油锅中炸熟成浅黄色，捞出；待油温升高，再次下入，复炸成金黄色，捞出控油装盘，蘸花椒盐食用。

原料

带皮五花肉	**500克**	大葱	**3段**	桂皮	**1小块）**
毛峰茶叶	**5克**	香料包	**1个（内装**	酱油	**适量**
锅巴	**100克**	八角	**2个**	盐	**适量**
红糖	**15克**	花椒	**20粒**	香油	**适量**
姜	**5片**	香叶	**2片**		

制法

❶

用铁叉平插入带皮五花肉的瘦肉中，放在炉火上烤至肉皮起泡时取下，放入热水中浸泡15分钟，刮净焦皮，用水洗净；毛峰茶叶用开水冲泡；锅巴掰成小块。

❷

汤锅坐火上，添入适量清水，放入五花肉、香料包、葱段、姜片、酱油和盐，大火烧沸，改用小火炖至熟烂，捞出待用。

❸

铁锅坐于火上，放入锅巴块、红糖和毛峰茶叶，上面放一铁箅子，把五花肉皮朝上放在箅子上，盖好锅盖，加热至锅内冒出浓烟熏出香味时，离火焖至烟散尽，取出，趁热抹匀一层香油，放凉后切成薄片，整齐地摆入盘中即成（可点缀些欧芹和樱桃）。

|经典徽菜|

云雾肉

特色

“云雾肉”为安徽的一道传统风味佳肴，它是将五花肉经过烤、卤、熏等技法烹制而成的，具有色泽光亮、黄中透红、质地酥烂、肥而不腻、茶香浓郁的特点。因烹制时熏烟缭绕，似云雾翻腾，故得此美名。

|经典徽菜|

鱼咬羊

菜肴故事

清代时，徽州府有个农民带着羊乘船渡江，不小心把一只公羊挤进了江里。当羊沉入水底时，鱼儿便蜂拥而至争食羊肉。因吃得过多，一个个鱼儿晕头转向。恰巧，有位渔民划着小渔船从此处经过，见如此多的鱼儿在水面上乱窜，便撒了一网把这些鱼儿收上岸。到家后，便宰杀烹制，剖开鱼肚后，见里面装满了羊肉。渔民觉得很新奇，闻闻羊肉，还未变味。就洗净了鱼，封好刀口，连同鱼肚里的碎羊肉一起烧煮。结果，烧出来的鱼不腥不膻，鱼肉酥烂，汤味鲜美。消息传出后，当地人就将这样烧成的菜取名为“鱼咬羊”。久而久之，便成了徽菜中的一道名菜了。

特色

“鱼咬羊”是一道脍炙人口的安徽名菜，因此菜是将羊肉填入鳜鱼腹中烹制而成，故名。成品鱼酥肉烂、不腥不膻、汤鲜味美、风味独特。

原料

原料	用量	原料	用量
鳜鱼	1条（约750克）	盐	10克
羊肋条肉	250克	醋	5毫升
姜	20克	白糖	5克
葱白	15克	八角	1个
料酒	30毫升	香油	5毫升
酱油	30毫升	色拉油	120毫升

制法

1. 将鳜鱼去鳞、鳃和背鳍，用刀在肛门处横切一小口，从鱼嘴处插入 4 根筷子，把内脏绞出，洗净后擦干水分；羊肋条肉切成 3.3 厘米长、2 厘米粗的条，焯水；葱白切段；姜切片。

2. 坐锅点火，注入 50 毫升色拉油烧热后，下八角、10 克葱段和 10 克姜片炸香，放入羊肉条煸炒干水气，随即加入 15 毫升酱油、5 克盐、15 毫升料酒和适量开水，以小火烧至八成熟，盛出，把羊肉条从鱼嘴装入鱼腹内。

3. 原锅洗净上火烧干，注入剩余色拉油烧热，纳入鳜鱼，煎成两面金黄，烹入 15 毫升料酒，掺适量开水，加入 5 克葱段、10 克姜片、白糖、醋、5 克盐和剩余酱油，以小火烧 20 分钟至鱼熟，转旺火收汁，淋香油，出锅装盘即成（可在鱼身表面撒些葱花装饰）。

|经典徽菜|

火腿炖鞭笋

特色

“火腿炖鞭笋”是以鞭笋为主料，搭配火腿炖制而成的一道安徽传统经典名肴，以其竹笋淡黄、火腿微红、汤汁乳白、清香醇厚、滋味鲜美的特点受到食客们的称赞。

原料

原料	用量	原料	用量
净鞭笋	400克	冰糖	3克
火腿	100克	化猪油	15毫升
嫩笋尖	25克	鸡汤	适量
盐	3克		

制法

❶

将净鞭笋斜刀切成3厘米长的段，焯水；火腿切成片；嫩笋尖先对半切开，再切片，焯水备用。

❷

取一净砂锅，把鞭笋段摆入砂锅内，上面摆上火腿片，顶部用嫩笋尖片装饰，加入冰糖、盐和鸡汤，淋入化猪油，加盖上笼，用大火蒸烂，出锅后装盘即成（可在顶端点缀些香菜叶）。

原料

黄牛棒骨	**500克**	干辣椒	**25克**	肉蔻	**2个**
卤熟黄牛肉	**250克**	葱段	**10克**	八角	**3个**
黄牛肥油	**100克**	姜片	**10克**	山柰	**1克**
红薯粉条	**100克**	香菜	**25克**	白芷	**1克**
鲜豆饼	**100克**	香料包	**1个（内装**	香叶	**1克**
鲜豆腐皮	**100克**	白豆蔻	**2个**	花椒	**1克）**
辣椒粉	**50克**	草果	**2个**	盐	**适量**

制法

1. 黄牛棒骨洗净，用刀背敲断；卤熟黄牛肉切成大片；红薯粉条泡软，煮熟，晾冷；鲜豆饼切片；鲜豆腐皮切丝；香菜择洗净，切段；黄牛肥油切成小块，入锅熬化，放入葱段和姜片炸香捞出，下入辣椒粉炒酥，盛出备用。

2. 汤锅坐于火上，添入适量清水，下入黄牛棒骨、葱段、姜片、干辣椒和香料包，以中火熬煮2小时，加入炒好的辣椒粉和盐，继续熬煮出味，即成汤汁。

3. 取适量红薯粉条、豆腐皮丝和豆饼片放入漏勺内，再放上适量卤熟牛肉片，放入滚汤锅里烫热，取出盛在大碗里，舀入汤汁，撒上香菜段即成。

|经典徽菜|

淮南牛肉汤

特色

“淮南牛肉汤”为安徽菜系里的特色代表菜之一。它是用牛骨搭配辣椒等香料熬成浓汤，加上卤熟的牛肉制作而成的，汤品鲜醇清爽、浓香微辣、口感独特。

|经典徽菜|

老蚌怀珠

特色

“老蚌怀珠”是徽菜里的一道特色传统名菜，即用甲鱼做主料，配以鸽蛋、鸡肉丸、冬瓜球蒸制而成，具有汤清味鲜、甲鱼肉嫩、色形美观的特点。因甲鱼的上下壳好似蚌壳，鸽蛋色白如珠，故称“老蚌怀珠”。

原料

原料	用量	原料	用量	原料	用量
活甲鱼	1只	鸡蛋清	1/2个	盐	适量
鸽蛋	8个	水淀粉	10毫升	胡椒粉	适量
冬瓜	150克	葱段	适量	鸡汤	适量
鸡脯肉	50克	姜片	适量	香油	适量
肥肉	25克	料酒	适量		

制法

1. 将活甲鱼宰杀放血，去掉硬盖、尾和爪尖，除去内脏，用冷水洗净，放在沸水锅中氽约30秒，捞在装有冷水的盆中，刮洗去表面黑膜；鸡脯肉和肥肉合在一起剁成细蓉，加盐、料酒、胡椒粉、鸡蛋清和水淀粉，顺时针搅拌上劲；冬瓜去皮、瓤，挖成冬瓜球；鸽蛋煮熟，剥壳。

2. 汤锅坐火上，添入适量清水烧至微开，把鸡肉蓉做成丸子，下入锅里氽至定型，捞出备用；再把冬瓜球放入锅里焯至断生，捞出控水。

3. 将甲鱼放在汤盆内，倒入鸡汤，加入葱段、姜片、料酒、胡椒粉，上笼用大火蒸半小时取出，拣去葱段和姜片，调入盐，加入鸽蛋、冬瓜球和鸡肉丸，上笼续蒸至甲鱼软烂，取出淋上香油即成。

|经典徽菜|

曹操鸡

特色

“曹操鸡”俗称“逍遥鸡”，是始创于三国时期的安徽传统名菜。它是先将仔鸡油炸后，再放入调好卤汤的砂锅里焖酥入味而成的，具有汤汁微黄、鸡肉软嫩、味道香醇、营养滋补、食后口留余香的特点。

原料

原料	用量	原料	用量	原料	用量
净仔鸡	**1只**	葱花	**5克**	花椒	**数粒**
水发木耳	**50克**	姜片	**5克**	料酒	**适量**
水发香菇	**50克**	桂皮	**1小块**	盐	**适量**
杜仲	**8克**	八角	**2个**	色拉油	**适量**
天麻	**8克**	蜂蜜	**适量**		

制法

1. 将净仔鸡放在开水锅中烫至皮紧，捞出擦干水分，趁热在表面抹匀蜂蜜，待稍微晾干，放入烧至七成热的色拉油锅中炸成金黄色，捞出控净油分。

2. 将杜仲和天麻用温水泡透，装在鸡腹内，将鸡腹朝上放入砂锅内，添入适量开水没过鸡面，加入葱花、姜片、桂皮、八角、花椒、料酒、香菇和木耳，大火烧开，转小火炖40分钟至鸡肉酥烂，加盐调味即成。

原料

净鸽子	2只	香葱	25克
山药	150克	料酒	适量
油菜	6颗	盐	适量
姜	25克	冰糖	适量
胡萝卜片	10克		

制法

1. 将山药洗净去皮，切成 0.5 厘米厚的片；姜洗净，切片；香葱择洗干净，打成结；胡萝卜片焯水；油菜洗净，用沸水烫一下，放入冷水中浸泡备用。

2. 汤锅坐火上，添入适量清水烧开，放入鸽子焯透，捞出，用清水洗净表面浮沫。

3. 将鸽子放入砂锅内，加入姜片、葱结和山药片，再加入料酒、冰糖和开水，盖上盖子，上蒸笼用旺火蒸至熟烂，取出，加盐调味，放入烫熟的油菜和胡萝卜片即成。

|经典徽菜|

黄山炖鸽

特色

“黄山炖鸽”是安徽黄山的一道特色传统名菜，取黄山菜鸽与黄山山药隔水炖制而成，具有汤清味鲜、鸽肉酥烂、山药清香爽口的特点。

|经典徽菜|

白汁鳜鱼

特色

“白汁鳜鱼”是安徽的一道传统名菜，此菜是将鳜鱼蒸熟，浇上用虾仁、冬笋、冬菇等料调成的咸鲜白汁而成，具有汁色奶白、鱼肉软嫩、清爽鲜香的特点。

原料

原料	用量	原料	用量
鳜鱼	1条（约750克）	姜片	10克
虾仁	50克	料酒	15毫升
熟火腿	25克	盐	适量
冬笋	25克	水淀粉	适量
水发冬菇	25克	清汤	100毫升
毛豆	20克	化猪油	15毫升
葱段	15克	色拉油	25毫升

制法

1. 将鳜鱼去鳞和鳃，用刀从鱼的“脐眼”处切开，插入两根筷子，卷住内脏并取出，剁去两侧和背部的鱼鳍，洗净，投入沸水锅中烫一下，捞出，放入冷水中浸凉，控干水分，用刀在鱼体两侧各划上刀口；虾仁洗净；熟火腿、冬笋、水发冬菇均切成黄豆大小的丁；毛豆去荚，洗净。

2. 将鳜鱼表面及刀口内擦匀盐，放入盘内，淋上料酒和化猪油，摆上葱段和姜片，上笼用旺火蒸约 15 分钟，取出。

3. 坐锅点火，舀入色拉油烧热，放虾仁略炒几下，放火腿丁、冬笋丁、冬菇丁和毛豆炒至断生，加清汤煮沸，调入盐，用水淀粉勾玻璃芡，淋在鳜鱼上即成（可在表面撒些葱花点缀）。

|经典徽菜|

清炖马蹄鳖

特色

“清炖马蹄鳖”又名“火腿炖甲鱼”，为徽菜系中最古老的传统名菜，系用甲鱼和火腿炖制而成，具有汤汁清醇、肉质酥烂、裙边滑润、肥鲜浓香的特点。

原料

原料	用量	原料	用量	原料	用量
甲鱼	1只	葱段	5克	花椒	数粒
水发木耳	50克	姜片	5克	料酒	适量
水发香菇	50克	桂皮	1小块	盐	适量
杜仲	8克	八角	2个	化猪油	适量
天麻	8克	火腿	50克	鸡汤	适量
冰糖	适量	白胡椒粉	适量		

制法

1. 将甲鱼宰杀治净；火腿切成长方形厚片。

2. 汤锅坐火上，添入适量清水烧开，下入火腿片稍煮捞出，再下入甲鱼煮约2分钟，捞出沥干。

3. 先将甲鱼整齐地码在砂锅内，再将火腿片、葱段和姜片围在甲鱼四周，加入鸡汤和料酒，加盖用大火烧沸后，撇去浮沫，放入冰糖、水发木耳、水发香菇、杜仲、天麻、桂皮、八角、花椒、料酒，转用小火炖约1小时，拣出葱段和姜片，加盐调味，淋入烧热的化猪油，撒上白胡椒粉即成。

原料

腌好的臭鳜鱼	**1条**	香菜梗	**10克**	胡椒粉	**适量**
水发香菇	**30克**	八角	**2个**	水淀粉	**适量**
冬笋	**30克**	料酒	**15毫升**	红油	**适量**
肥肉	**30克**	酱油	**适量**	色拉油	**适量**
干辣椒	**15克**	陈醋	**适量**	化猪油	**适量**
姜	**10克**	白糖	**适量**	高汤	**适量**
蒜	**3瓣**				

制法

1. 腌好的臭鳜鱼控干汁水；水发香菇、冬笋、肥肉分别切成小丁；姜、蒜、香菜梗分别切末；干辣椒去蒂，切短节。

2. 坐锅点火炙热，倒入色拉油和化猪油烧至七成热，放入臭鳜鱼煎至两面略焦上色，铲出。

3. 原锅留适量底油，下八角炸香，续下香菇丁、冬笋丁、肥肉丁、姜末、蒜末和干辣椒节煸炒出香，添入高汤，纳入鳜鱼，倒入料酒，加酱油、陈醋、白糖和胡椒粉调好色味，加盖焖烧约 15 分钟，改旺火收汁，勾水淀粉，淋红油，出锅装盘，撒上香菜梗碎即成。

|经典徽菜|

红烧臭鳜鱼

特色

“红烧臭鳜鱼”为安徽的一道别具特色的经典名菜，它是以事先腌制好的臭鳜鱼为主料，经过煎制后，再用调好味的汤汁烧制而成，具有色泽红亮、鱼肉细嫩、味咸鲜辣、臭而回香、风味独特的特点。

|经典徽菜|

毛峰熏鲥鱼

特色

"毛峰熏鲥鱼"为安徽的一道特色传统风味名菜，它以鲥鱼为主料，经过调味腌制后，置于锅中，用安徽茶叶之上品黄山毛峰茶为主要熏料熏制而成，具有鲥鱼金鳞玉脂、油光发亮、茶香四溢、鲜嫩味美、诱人食欲的特点，是宴席之珍品。

原料

原料	用量	原料	用量
净鲥鱼	半片（约 750 克）	白糖	25 克
毛峰茶叶	25 克	料酒	15 毫升
锅巴	150 克	酱油	10 毫升
姜末	50 克	盐	5 克
葱末	25 克	香油	适量
醋	50 毫升	生菜叶	适量

制法

1. 将净鲥鱼擦干水分，先抹匀盐，再均匀地涂上一层酱油和料酒，撒上葱末和一半的姜末，腌约 20 分钟；毛峰茶叶用热水冲泡，待用。

2. 将铁锅坐于火上，先放入锅巴，再撒上茶叶和白糖，上面放一个铁箅子，把鱼放在箅子上，盖上锅盖，用中火烧至冒浓烟时，沿锅边淋入少量清水，转小火熏 5 分钟，再用中火熏 3 分钟左右，取出。

3. 把鲥鱼剁成 2 厘米宽的长条状，按鱼的原形码在垫有生菜叶的盘中，在鱼身刷上香油，随用醋和剩余姜末做成的调味碟上桌佐食。

|经典徽菜|

鱼羊炖时蔬

特色

“鱼羊炖时蔬”为安徽菜肴里的一道经典汤菜，它是以鱼头和羊肉馅为主要原料，搭配时令蔬菜炖制而成的，具有汤汁乳白、鱼头滑嫩、味道咸鲜的特点。

原料

花鲢鱼头	1个	水发粉丝	50克	姜	10克
羊肉馅	100克	鸡蛋清	1个	盐	适量
白萝卜	150克	干淀粉	10克	胡椒粉	适量
油菜（取心）	100克	葱白	10克	化猪油	适量

制法

1. 花鲢鱼头治净，从下巴处劈开成相连的两半；白萝卜去皮，洗净，切成小滚刀块；油菜洗净，对半切开；葱白切末；姜一半切丝，另一半切末。

2. 羊肉馅纳入盆中，加入葱末、姜末、盐和胡椒粉拌匀，再加鸡蛋清、干淀粉和少许清水，慢慢地顺时针搅拌上劲。

3. 坐锅点火，放入化猪油烧至七成热时，下入鱼头煎至上色，放入姜丝略煎，加入开水和白萝卜块，煮至汤汁浓白时，转小火，把羊肉馅做成小丸子，下入汤锅中煮熟，调入盐和胡椒粉，放入油菜和粉丝稍炖，盛在汤盆内便成。

原料

原料	用量	原料	用量
活蟹	**6只**	姜	**20克**
酱油	**300毫升**	蒜	**6瓣**
徽州封缸酒	**200毫升**	花椒	**6粒**
高粱白酒	**20毫升**	冰糖	**适量**
盐	**30克**		

制法

❶

将活蟹洗刷干净，沥干水分，揭开蟹壳，把污物挤出，放入花椒粒，撒上盐，依法把其余五只蟹也加工好；蒜拍裂；姜切片。

❷

取一陶罐，放入加工好的螃蟹，加入姜片、蒜、花椒、冰糖、酱油、徽州封缸酒和高粱白酒，用两根竹片呈十字形卡在罐内，压住蟹身，用保鲜膜封严缸口，腌一个星期，取出装盘食用（可撒些线椒圈和小米椒圈装饰）。

|经典徽菜|

屯溪醉蟹

特色

“屯溪醉蟹”是安徽的一道著名菜肴，它是以活螃蟹为主要原料，用糯米甜酒、白酒、酱油等料生腌而成，具有个体完整、色泽青黄、蟹肉鲜嫩、酒香浓郁的特点。

|经典徽菜|

干贝萝卜

特色

“干贝萝卜”为徽菜里的一道传统名菜，它是以白萝卜为主料，搭配干贝和火腿蒸制成，具有清淡、甘鲜、爽口的特点。

原料

原料	用量	原料	用量	原料	用量
白萝卜	**500克**	香葱	**10克**	冰糖	**适量**
火腿	**10克**	姜	**5克**	水淀粉	**适量**
水发干贝	**25克**	盐	**适量**	香油	**适量**
料酒	**15毫升**	鸡汤	**适量**	色拉油	**适量**

制法

1. 白萝卜先切成0.5厘米厚的片，再用梅花刀具压成梅花形；火腿切半月形片；水发干贝去老筋；香葱择洗净，切碎花；姜切末。

2. 坐锅点火，注入色拉油烧至六成热时，下入白萝卜片炸软，捞出控净油分。

3. 取一蒸碗，先把干贝放在碗底，再把火腿片摆在碗内壁，中间放入白萝卜片，加入5克葱花、姜末、盐、冰糖、料酒和鸡汤，上笼用大火蒸熟，取出翻扣在盘中；把蒸出的汤汁滗入锅内烧开，勾水淀粉，淋香油，搅匀后浇在盘中食材上，撒上剩余葱花即成。

第八篇

舌尖上的八大菜系之

经典闽菜

闽菜，即福建风味菜，为我国八大菜系之一。福建位于我国东南部，东临大海，西北负山，气候温和，雨量充沛，盛产稻米、糖蔗、花果、蔬菜和茶、菇、笋、莲及各种山珍野味，尤以各种河海鲜味为最，福建人民利用这得天独厚的资源，烹制出珍馐佳肴，脍炙人口，逐步形成了别具一格的闽菜。

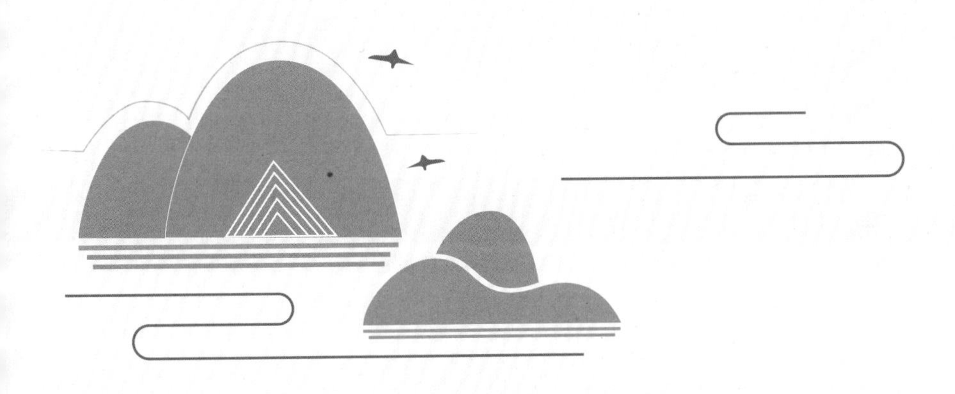

闽菜流派

闽菜主要由福州、闽南、闽西三种不同地方的风味菜构成。

福州菜，在闽东、闽中、闽北一带。如“佛跳墙”“煎糟鳗鱼”等。

闽南菜，盛行于厦门和晋江、龙溪地区。如“东壁龙珠”“八宝芙蓉鲟”等。

闽西菜，盛行于闽西客家地区，以烹制山珍野味见长，具有浓厚的山乡色彩。

闽菜特色

刀工巧妙，素有剞花如荔、切丝如发、片薄如纸的美誉；汤菜众多，变化无穷，素有一汤十变之说；调味奇特，擅长用红糟调味，菜肴偏于甜酸口味；烹调细腻，以炒、蒸、煨技术最为突出。

|经典闽菜|

半月沉江

菜肴故事

“半月沉江”是厦门南普陀寺里的名菜之一。据说，此名还是20世纪60年代郭沫若给取的。1962年秋天，郭沫若在饱览南普陀寺的幽雅景致之后，又被邀请品尝该寺的斋菜。斋宴开席后，寺庙里的拿手好菜逐一上桌。其中一道菜可见东边香菇沉干碗底，宛若半月，引起郭老极大的兴趣。他在品尝了这一美味之后，即兴赋诗一首：“我自舟山来，普陀又普陀。天然林壑好，深憾题名多。半月沉江底，千峰入眼窝。三杯通大道，五老意如何？”在这首诗里，以“半月沉江”形容斋菜十分贴切。从此，这道素菜便以一个极富想象力的名字传向各地，中外游客也纷纷来品尝“半月沉江”，体会这诱人的境界。

特色 “半月沉江”是一道蜚声海内外的福建名菜。它是用香菇、面筋和当归烹制而成的一款汤品，特点是面筋软糯、香菇滑嫩、汤清味美、外形典雅且富有诗意。

原料

原料	用量	原料	用量
水发香菇	200克	盐	5克
油面筋	150克	鲜汤	500毫升
嫩笋尖	75克	香油	5毫升
当归	10克		

制法

1. 当归洗净，切成薄片，纳入碗中并加水，上笼蒸半小时取出，捞出当归，汤汁留用；水发香菇洗净去蒂；嫩笋尖切成小象眼片。

2. 取一个大碗，把香菇顶部朝下码放成半月牙形，油面筋对称地码放在另一侧，碗中间码放笋尖片，加入 120 毫升鲜汤和盐，上笼蒸 10 分钟左右，取出翻扣在大汤盆中。

3. 汤锅坐火上，倒入剩余鲜汤和当归汤烧沸，加盐调好口味，淋香油搅匀，慢慢倒入装有香菇和面筋的汤盆中，即可上桌（可撒些香菜梗碎点缀）。

|经典闽菜|

醉排骨

特色

“醉排骨”为福建菜系里的一道家常名菜，它是将排骨腌味油炸后，再挂上糖醋汁而成的，具有口感外焦内嫩、味道酸甜香醇、食之令人陶醉的特点。

原料

猪肋排	**500 克**	料酒	**10 毫升**	胡椒粉	**1 克**
干淀粉	**30 克**	蒜	**3 瓣**	罗勒叶	**少许**
白糖	**15 克**	香葱	**5 克**	香菜	**少许**
醋	**15 毫升**	盐	**5 克**	色拉油	**250 毫升**
生抽	**15 毫升**				

制法

1. 猪肋排洗净，切成 3 厘米左右的小块，沥干水分，纳入盆中，加料酒、胡椒粉、盐和干淀粉抓匀，腌制 30 分钟；蒜切末；香葱切成葱花。

2. 把白糖、醋、生抽、葱花和蒜末一起放在小碗内，调匀成味汁备用。

3. 坐锅点火，注入色拉油烧到五成热时，下入腌好的排骨，炸至断生后捞出；等油温再次升高时，将排骨重新放入，复炸至焦黄干香，滗去余油，倒入调好的味汁，迅速拌匀装盘，撒上罗勒叶和香菜即可。

原料

东壁龙眼	**300克**	面包糠	**150克**	白糖	**4克**
猪五花肉	**100克**	面粉	**25克**	盐	**适量**
鲜虾仁	**50克**	香葱	**5克**	水淀粉	**适量**
水发香菇	**15克**	姜	**5克**	色拉油	**适量**
鸡蛋	**1个**	料酒	**5毫升**	欧芹叶	**适量**

制法

龙眼去壳，将果肉逐一开小口，剔出果核；猪五花肉剁成细泥；鲜虾仁切成小粒；水发香菇挤干水分，切成细粒；香葱切碎末；姜切末；鸡蛋磕破，蛋清和蛋黄分盛碗内，搅匀待用。

2

把猪肉泥、虾仁粒和香菇粒放在小盆内，加入葱末、姜末、料酒、盐、白糖、鸡蛋清和水淀粉，顺时针搅拌上劲，挤成龙眼核大小的丸子，码入盘内，上笼蒸熟取出，备用。

3

将丸子分别嵌入龙眼内，合拢开口处，滚沾上一层面粉，裹匀蛋黄液，再沾上面包糠，投入到烧至四成热的色拉油锅里，炸至表面酥脆且呈金黄色时，捞出沥油，装入盘中，点缀上欧芹叶即成。

|经典闽菜|

东壁龙珠

特色

“东壁龙珠”为一道以地方特产和精巧烹技相结合的福建风味名菜。它是采用东壁龙眼为主料，去核后填入肉丸烹制而成，入口既有龙眼的清香，又有肉的鲜味，皮酥馅香，气味甘美，别具风味。

|经典闽菜|

七星鱼丸

菜肴故事

传说，古时闽江有一渔民，以捕鱼为生。某日，一商家搭此渔船南行，不幸船只触礁损坏，修整多日，粮绝菜尽，只得以鱼作食。商人叹曰："天天吃鱼已厌，若能烹调他味，多好！"渔妇为了改善口味，将净鱼肉剁成细蓉，拌入菇粉和调料，制成鱼丸，水煮而食，商人赞其味道不同寻常。后来，商人回福州开了"七星小食店"，特请渔妇为厨，专烹鱼丸汤，以飨食客。某日，一位上京赶考的秀才进店就餐，点了鱼丸汤。秀才食之别有风味，便题赠一诗："点点星斗布空稀，玉露甘香游客迷，南疆虽有千秋饮，难得七星沁诗脾。"诗挂店堂，引来天下食客，生意兴隆，七星鱼丸随之闻名于世。

特色

"七星鱼丸"也叫"福州鱼丸""包心鱼丸"，是福建的著名汤菜。它是将调味的鱼肉糊包上猪肉馅，制成丸子汆制而成，成品可见鱼丸浮在汤面上，晶莹洁白，似满天繁星，食之柔软滑嫩，富有弹性，肉馅味美，汤清味鲜，广受食客喜爱。

原料

原料	用量	原料	用量	原料	用量
净鱼肉	200克	干淀粉	15克	酱油	3毫升
猪瘦肉	100克	葱姜水	15毫升	胡椒粉	2克
猪肥肉	100克	料酒	10毫升	香油	5毫升
鲜虾仁	25克	姜末	3克	香菜碎	1小碟
荸荠	15克	盐	5克	香醋	1小碟
鸡蛋清	3个	白糖	3克	香葱	适量

制法

1. 猪瘦肉和猪肥肉分别切成绿豆大小的丁；鱼肉洗净，切成小丁，加 50 克肥肉丁斩成细泥；猪瘦肉丁和剩下的肥肉丁也剁成泥；鲜虾仁洗净，挤干水分，切成碎粒；荸荠切成碎末；香葱切碎末。

2. 猪肉泥纳入盆中，加入虾仁粒、荸荠末、姜末、5 毫升料酒、2 克盐、白糖、酱油和 5 克干淀粉拌匀成馅，挤成直径约 1 厘米的小丸子，摆在盘内，置于冰箱冻 2 小时。

3. 鱼泥放入小盆内，加入葱末，再分次加入 60 毫升清水，用筷子顺一个方向搅拌至鱼泥呈粥状，调入葱姜水、5 毫升料酒和 2 克盐，续搅至黏稠上劲，最后加入鸡蛋清、胡椒粉和 10 克干淀粉搅匀，待用。

4. 净锅坐火上，掺入适量清水，烧至锅底起鱼眼泡时，左手抓起鱼泥从拇指和食指中间挤出直径约 1.5 厘米的丸子，右手随即取一粒猪肉丸塞入鱼丸中间，做成光滑的七星鱼丸，放入沸水锅中煮熟，调入胡椒粉和剩余盐，出锅盛入汤碗中，淋香油，随香菜和香醋碟上桌佐食。

丨经典闽菜丨

爆糟肉

特 色

“爆糟肉”系福州风味的经典菜肴，它的特色是以福州红糟、虾油作调料，以猪五花肉为主料烹制而成，具有色泽红艳、糟香扑鼻、地方特色浓厚的特点。

原 料

原料	用量	原料	用量	原料	用量
猪五花肉	**500 克**	蒜	**4 瓣**	五香粉	**适量**
红糟	**50 克**	料酒	**适量**	香油	**适量**
虾油	**30 毫升**	白糖	**适量**	水淀粉	**适量**
姜	**10 克**	盐	**适量**	色拉油	**适量**

制 法

1. 将猪五花肉洗净，切成 2 厘米见方的块；红糟用刀剁碎；姜切片；蒜拍裂。

2. 汤锅坐火上，添入适量清水烧开，放入五花肉块焯透，捞出沥干水分；原锅重上火位烧干，注入色拉油烧至六成热时，投入蒜，炸黄捞出，再下入五花肉块炸至表面微黄，捞出，沥干油分。

3. 锅留适量底油坐于旺火上，放姜片煸炒一下，续放红糟、五花肉块、虾油、白糖、料酒及蒜爆香，加适量开水烧沸，调入盐、五香粉，改小火焖至肉熟烂，收浓汤汁，淋水淀粉和香油，翻匀装盘即成。

原料

原料	用量	原料	用量	原料	用量
净土鸡	**1只**	白酒	**100毫升**	姜	**20克**
红糟	**150克**	白糖	**75克**	盐	**10克**
料酒	**100毫升**	葱白	**20克**	五香粉	**1克**

制法

1

将净土鸡的爪尖、屁股去除；葱白切成细丝；姜洗净，一半切丝，另一半切末。

2

将土鸡放入沸水锅里，以小火煮熟，捞出控汁，卸下鸡头、鸡腿和翅膀，从腹部中间切开，改刀成长方块，纳入盆中，加葱丝、姜丝和白酒拌匀，腌制10分钟。

3

取一个容器，放入红糟、料酒、姜末、五香粉、盐和白糖调匀，放入鸡块拌匀，加盖腌制1个小时至入味，取出整齐装盘即成（可以放些香菜点缀）。

|经典闽菜|

醉糟鸡

特色

“醉糟鸡”为福建的传统名菜之一。由于妙用“糟”，成为鸡肴中的佳品。它是先把土鸡加红糟煮熟，再醉糟而成，具有色泽红艳、质地软嫩、糟香迷人的特点。

|经典闽菜|

炒西施舌

特色

“炒西施舌”是福建的传统风味名菜，20 世纪 30 年代，著名作家郁达夫在福建时，曾称赞“西施舌”是闽菜中色、香、味、形俱佳的一种“神品”。该菜就是选用西施舌之肉，加上冬笋、香菇等料炒制而成的，具有色泽洁白、质感脆嫩、清甜鲜美、令人难忘的特点。

原料

原料	用量	原料	用量	原料	用量
西施舌	1000 克	白酱油	15 毫升	水淀粉	适量
净冬笋	15 克	料酒	10 毫升	香油	适量
油菜（取茎）	15 克	白糖	5 克	色拉油	适量
水发香菇	15 克	盐	适量	鸡汤	50 毫升
葱白	10 克				

制法

❶ 将西施舌放入沸水锅里烫 30 秒，捞起沥干，用小勺挖出舌肉，洗净沙粒，用刀切成相连的两片；净冬笋切片；油菜洗净；水发香菇去蒂；葱白切片。

❷ 汤锅坐火上，添入清水烧沸，放入香菇、冬笋片和油菜焯一下，捞出沥干水分；用白酱油、料酒、白糖、盐、鸡汤、水淀粉和香油在小碗内调成芡汁。

❸ 炒锅坐于旺火上，倒入色拉油烧至六成热，爆香葱片，投入冬笋片、香菇和油菜略炒，倒入西施舌肉和芡汁炒匀，起锅装盘即成。

|经典闽菜|

花芋烧猪蹄

特色

“花芋烧猪蹄”里的花芋头，福州人叫槟榔芋，芋肉上有花点点，香味浓郁，用它与猪蹄同烧，是一道独具特色的闽菜，具有芋香宜人、蹄筋软糯、味道香醇的特点。

原料

花芋头	**300克**	八角	**2克**	盐	**适量**
猪前蹄	**1只**	花椒	**2克**	白糖	**适量**
大葱	**10克**	陈皮	**2克**	水淀粉	**适量**
姜	**10克**	料酒	**适量**	鲜汤	**适量**
桂皮	**2克**	酱油	**适量**	色拉油	**适量**

制法

1. 花芋头去皮，切成滚刀小块；猪前蹄去净残毛，先劈成两半，再斩成大块；大葱切段；姜切片；桂皮、八角、花椒和陈皮用纱布包好。

2. 锅里添水烧沸，放入葱段、姜片和猪蹄块煮透，捞出控干水分，趁热加入酱油和料酒拌匀；锅中放色拉油烧至七成热，放入猪蹄炸 3 分钟，捞出控油；芋头也入热油中炸一下。

3. 锅留适量底油，下白糖炒成糖色，放入猪蹄块翻炒均匀，加鲜汤、酱油、料酒和盐，放入香料包，加盖用小火焖熟，取出香料包，放入芋头块续焖至熟烂，用水淀粉勾芡，出锅装盘即成（可撒些葱花点缀）。

原料

原料	用量	原料	用量	原料	用量
牛腩	**750 克**	蒜	**3 瓣**	白糖	**适量**
冬笋	**150 克**	姜	**10 克**	胡椒粉	**适量**
水发香菇	**50 克**	料酒	**适量**	骨头汤	**750 毫升**
当归	**25 克**	盐	**适量**	色拉油	**75 毫升**

制法

1. 将牛腩洗净，切成 3 厘米见方的大块；冬笋拍松，切滚刀块；水发香菇去蒂；蒜、姜分别切片；当归洗净，用纱布包好。

2. 汤锅坐火上，添入适量清水烧沸，下入牛腩块焯去血水和腥味，捞出用热水漂洗去表面污沫，沥干水分。

3. 锅置于旺火上，下入色拉油烧至六成热，先放入蒜片和姜片炝锅，再放入牛腩块、冬笋块和香菇炒干水汽，加料酒、盐和白糖翻炒约 1 分钟，添入骨头汤，烧沸后撇净浮沫，倒入砂锅中，加当归包，用微火焖 2 小时至牛腩软烂且汁稠时，拣去当归包，加胡椒粉调味即成（可撒些香菜梗碎点缀）。

|经典闽菜|

当归牛腩

特色

当归是一种补血活血的中药材，用它来烹制佳肴，在闽南民间早已流传，特别是用当归搭配牛腩烹制的“当归牛腩”一菜，以其醇香浓郁、质感酥烂、鲜美滋补的特点在福建厦门久负盛名。

|经典闽菜|

佛跳墙

特色

“佛跳墙”是闽菜中最著名的古典菜肴，始于清朝道光年间。该菜是用鱼翅、鲍鱼、海参、干贝、裙边、花菇等多种高档原料一起煨制而成的，以其用料丰富、肉质软糯、滋味鲜美、回味悠长的特点，风靡全国，享誉海外。

原料

原料	用量	原料	用量	原料	用量
水发海参	150克	水发干贝	50克	花雕酒	75毫升
水发鱼翅	100克	水发裙边	50克	酱油	适量
水发鱼肚	100克	水发花菇	100克	盐	适量
水发蹄筋	100克	熟鹌鹑蛋	8个	浓高汤	1000毫升
水发鲍鱼	100克				

制法

1. 水发海参洗净腹内杂物，竖切成两半；水发鱼翅洗净沙粒，去除腐肉；水发鱼肚切成小条；水发蹄筋斜刀切片；水发鲍鱼划十字花刀；水发干贝撕去老筋；水发裙边斜刀切条；水发花菇去蒂，在表面切米字花刀；熟鹌鹑蛋剥壳。

2. 汤锅坐火上，添入500毫升浓高汤烧开，分别放入海参、鱼翅、鱼肚条、蹄筋片、裙边条、鲍鱼、花菇焯透，捞出沥尽水分；另500毫升高汤加酱油、盐和花雕酒调好色味，待用。

3. 取一干净砂罐，先依次装入蹄筋片、裙边条和鱼肚条，再放入海参、花菇、干贝、鲍鱼和鹌鹑蛋，最后放上鱼翅，灌入调好味的汤汁，盖好盖子，上笼蒸1.5小时，取出即可上桌（可撒少许葱花点缀）。

|经典闽菜|

鸡蓉金丝笋

特色

“鸡蓉金丝笋”是将冬笋丝与鸡肉蓉和在一起，采用软炒的方法烹制而成的，以其色泽金黄、笋肉脆嫩、鸡蓉松软、味鲜适口的特点，历经百年，盛名不衰。

原料

原料	用量	原料	用量
冬笋	***100 克***	水淀粉	***25 毫升***
鸡脯肉	***100 克***	盐	**适量**
猪肥肉	***25 克***	鸡汤	**适量**
瘦火腿	***10 克***	色拉油	**适量**
鸡蛋	***2 个***		

制法

❶

将冬笋切成 5 厘米长的细丝；鸡脯肉和猪肥肉混合剁成细蓉；瘦火腿切粒；鸡蛋打入碗里，加盐和水淀粉搅匀，放入鸡肉蓉，搅匀成鸡蓉糊。

❷

炒锅坐火上炙好，放入色拉油烧至六成热，投入冬笋丝过一下油，倒出控净油分，再用热水烫洗去浮油，放入鸡汤中煮 10 分钟，捞出挤干水分。

❸

炒锅坐火上，放入色拉油烧至五成热，倒入拌好的笋丝和鸡蓉糊，翻炒至成熟入味，出锅装盘，撒上瘦火腿粒即成（顶部可放些葱花点缀）。

原料

净肥鸭	750克	料酒	15毫升	酱油	适量
土豆	250克	辣椒粉	5克	白糖	适量
水发香菇	50克	大葱	3段	骨头汤	适量
沙茶酱	30克	姜	3片	色拉油	适量
蒜	4瓣				

制法

1. 将净肥鸭剁成小块，洗净血污；土豆去皮洗净，切成滚刀块；水发香菇去蒂，切块；蒜捣成细泥。

2. 肥鸭块放入汤锅中，加入清水、料酒、葱段和姜片，用大火煮沸10分钟，捞出沥干水分；土豆块用热油炸成金黄色。

3. 炒锅坐火上，注入色拉油烧至六成热，下入蒜泥、辣椒粉和沙茶酱稍炒，倒入鸭块翻炒5分钟，加酱油和白糖炒匀，掺骨头汤焖烧至熟，放入香菇块和土豆块，续烧10分钟，出锅装盘即成（可撒些葱花点缀）。

|经典闽菜|

沙茶焖鸭块

特色

“沙茶”起源于印尼，它是用花生仁、虾米、葱头等三十多种原料加工而成的一种调味酱。闽菜系里的“沙茶焖鸭块”就是因用了沙茶酱烹制而成为福建的传统名菜，具有色泽金黄、鸭块肉嫩、香味浓郁、甜辣爽口的特点。

|经典闽菜|

白炒鲜竹蛏

特色 竹蛏，产于福建沿海等地，同蛎、蛤、蚶并称为我国四大贝类名品。这道“白炒鲜竹蛏”，就是福建福州的经典风味名菜，它是用竹蛏肉搭配香菇和笋片合炒而成的，具有色泽洁白、肉质脆嫩、滋味鲜香的特点。

原料

原料	用量	原料	用量	原料	用量
鲜竹蛏	300克	料酒	10毫升	水淀粉	适量
水发香菇	50克	白酱油	适量	鸡汤	适量
冬笋	50克	盐	适量	香油	适量
葱白	10克	白糖	适量	化猪油	适量
蒜	2瓣				

制法

1. 将鲜竹蛏剥壳取肉，洗净，用刀片成相连的两片；水发香菇去蒂；冬笋切成小薄片；葱白切碎花；蒜拍松，切末。

2. 汤锅坐火上，添入适量清水烧沸，放入竹蛏肉片，汆至六成熟取出，加料酒腌渍；再把香菇和冬笋片放入沸水中焯透，捞出沥干水分；碗内放葱花、鸡汤、白酱油、盐、白糖和水淀粉调成芡汁，备用。

3. 炒锅坐火上炙热，放入化猪油烧至七成热，下蒜末爆香，再下香菇和冬笋片炒熟，倒入竹蛏肉和芡汁炒匀，淋香油，出锅装盘便成（可以撒些葱花点缀）。

| 经典闽菜 |

糟汁汆海蚌

特 色

海蚌是福建海产中的珍品，肉质脆嫩，色白透明。以海蚌为主料、红糟为主要调料烹制而成的福州传统名肴“糟汁汆海蚌”，是糟菜的典型范例。具有色泽浅红、蚌肉脆嫩、汤鲜味醇、糟香浓郁的特点。

原 料

原料	用量	原料	用量
净海蚌肉	300克	姜末	1克
料酒	50毫升	色拉油	50毫升
红糟	25克	鸡汤	1000毫升
白酱油	25毫升	熟火腿肉	适量
水发木耳	适量	葱花	适量
白糖	10克		

制 法

❶ 将每只海蚌肉片成两片，同蚌裙洗净，一同放入热水锅里汆一下，捞出撕净蚌膜，放入汤碗里，加15毫升料酒稍腌，滗净水分；水发木耳焯水，熟火腿肉切菱形片，与葱花一同放入汤碗中。

❷ 炒锅置于旺火上，下入色拉油烧至七成热，放入姜末和红糟煸出香味，烹入35毫升料酒，倒入鸡汤，加白酱油和白糖，以小火慢煮至汤剩500毫升左右，过滤后倒入装有蚌肉的碗内即成。

原料

原料	用量	原料	用量
水发干贝	**200克**	姜	**3片**
鲜牛奶	**200毫升**	料酒	**10毫升**
鸡蛋清	**6个**	盐	**4克**
葱段	**5克**	白汤	**250毫升**

制法

1. 水发干贝盛入盆里，加入葱段、姜片、5毫升料酒和250毫升清水，上笼用旺火蒸30分钟取出，拣出葱段和姜片。

2. 鸡蛋清放在碗里，用筷子充分打散，加入2克盐和鲜牛奶调匀，倒入大碗内，上笼用中火蒸5分钟取出，将干贝整齐地插在表面上，再上笼蒸5分钟取出。

3. 将锅置于旺火上，下入高汤烧沸，加入2克盐和5毫升料酒调匀，淋入蒸好的芙蓉干贝上即成（可撒些葱花点缀）。

|经典闽菜|

芙蓉干贝

特色

“芙蓉干贝”为闽南名菜，也是一道高级宴席菜品。它是以干贝为主料，搭配鲜牛奶和鸡蛋清蒸制而成的，具有质感软滑、清淡鲜香、甘美适口的特点。

|经典闽菜|

熏河鳗

特色

“熏河鳗”为福建传统名菜，它是以河鳗肉为主料，用调料腌入味后烤制而成的，具有颜色紫红、外焦里嫩、油润肥腴、味道香浓的特点。

原料

净河鳗	500克	葱末	5克	胡椒粉	1克
酱油	20毫升	姜末	5克	上汤	200毫升
白糖	20克	盐	4克	生菜叶	适量
料酒	15毫升	香油	5毫升		

制法

1. 河鳗沿脊背剖开，剔下脊骨（留用），从头到尾用刀在肉面上划上交叉花刀，用10毫升酱油、10克白糖、10毫升料酒、2克盐、胡椒粉、葱末、姜末调成的汁抹匀，腌约半小时；将河鳗脊骨切成段，与上汤、5毫升料酒、10毫升酱油和10克白糖一并下锅煮10分钟，去骨取汤备用。

2. 取铁箅一个，置于电炉上烧至七成热，放上腌好的鳗鱼，烤5分钟，刷匀鳗鱼骨汤，再烤5分钟，再刷一遍鳗鱼骨汤，如此反复三遍，烤20分钟即熟。取下鳗鱼，刷匀香油，切成块，整齐地装在垫有生菜叶的盘中即成。

原料

原料	用量	原料	用量
白萝卜	150克	青椒	5克
海蜇皮	150克	白糖	10克
鲜红辣椒	5克	盐	适量
白醋	15毫升	香油	适量

制法

1. 将海蜇皮用淡盐水浸泡一天，反复漂洗至去净咸腥味后，挤干水分，切成细丝；白萝卜洗净，去皮，切成火柴梗粗细的丝；鲜红辣椒和青椒去瓤，洗净，切细丝。

2. 汤锅坐火上，添入适量清水烧开，放入海蜇丝烫一下，迅速捞出过冷水，控干水分；白萝卜丝与盐拌匀，腌5分钟，挤干水分。

3. 把白萝卜丝与海蜇丝、青椒丝、红辣椒丝放在一起，加入白醋、白糖和香油拌匀，装盘成塔形即成。

|经典闽菜|

萝卜蜇丝

特色

“萝卜蜇丝”是闽菜系里的一道招牌凉菜，以白萝卜、海蜇皮为主料，以白醋、白糖等为调料拌制而成，具有刀工精湛、色泽素雅、质感脆嫩、酸甜爽口的特点。

|经典闽菜|

清汤鲍鱼

特色

“清汤鲍鱼”为闽南汤菜之代表，亦为高级宴席之珍品。它是以鲍鱼为主料、草菇作配料，加上清汤烹制而成的一道汤品，具有色调清新素雅、质地脆嫩爽口、味道极其鲜美的特点。

原料

原料	用量
鲍鱼罐头	***200* 克**
草菇	***200* 克**
盐	***5* 克**
清汤	***800* 毫升**

制法

1. 鲍鱼切成厚约 0.2 厘米的片，放在碗里，加入 100 毫升清汤，上笼用中火蒸 1 小时，取出待用。

2. 草菇剖为两半，同 200 毫升清汤入锅汆透，捞起过凉水，控干水分。

3. 锅坐旺火上，将 500 毫升清汤倒入锅中烧开，放入鲍鱼片和草菇，调入盐，略滚 30 秒关火，装入碗中即成（可撒些葱花点缀）。

原料

海蛎肉	**250 克**	盐	**适量**
猪肥肉	**50 克**	干淀粉	**适量**
鸭蛋	**2 个**	香油	**适量**
青蒜	**2 棵**	色拉油	**适量**

制法

❶

将海蛎肉洗净，投入沸水锅里汆一下，捞起沥干水分，晾冷；猪肥肉切成小丁；青蒜择洗净，切碎。

❷

把海蛎肉放入小盆内，放入肥肉丁、青蒜碎、盐和干淀粉拌匀成糊状，待用。

❸

平底锅坐火上，下色拉油烧至八成热时，调小火，倒入海蛎糊摊成圆饼形，稍煎一会儿，磕上 1 个鸭蛋，摊平后翻转煎另一面，上面再磕 1 个鸭蛋，摊平后翻转再煎另一面，直至把两面煎黄至熟，淋香油，铲出切块装盘即成。

|经典闽菜|

蚝仔煎

特色

“蚝仔煎”是福建著名的传统菜肴，它是将海蛎肉调味挂糊、摊成饼状、放上鸭蛋煎熟而成，具有色泽黄亮、原汁原味、外酥里嫩、鲜美可口的特点。

|经典闽菜|

酸菜灯梅鱼

特色

梅鱼系产于闽江的一种肉质细嫩的淡水鱼。此鱼无鳞，色白味美，从古至今，一直列为席上佳肴。福建风味名菜“酸菜灯梅鱼”，就是用梅鱼和酸菜煨制而成的，以其色泽淡白、肉嫩味鲜、开胃爽口、别有风味的特点深受中外食客喜爱。

原料

梅鱼	**1 条（约 700 克）**	蒜	**3 瓣**	鲜汤	**适量**
酸菜	**150 克**	料酒	**适量**	香油	**适量**
葱白	**25 克**	白酱油	**适量**	色拉油	**适量**
姜	**10 克**	盐	**适量**		

制法

1. 将梅鱼鳃边和背上的骨刺去掉，剖腹，去除内脏，洗净血污，切成 4.5 厘米长、0.8 厘米宽的块；酸菜用温水洗净，切碎；葱白切成 3 厘米长的段；姜切片；蒜拍裂。

2. 汤锅坐火上，添入适量清水烧开，放入梅鱼块氽一下，捞起用清水洗净，控干水分；锅中再换清水烧开，放入酸菜焯一下，捞起控干水分，切段。

3. 锅置于旺火上，注入色拉油烧至七成热，放入鱼块煎 1 分钟，倒出控净油分；原锅留适量底油烧热，下蒜、姜片和葱段炸香，投入酸菜段炒透，倒入鲜汤煮开，纳入鱼块，调入料酒、白酱油、盐，煮约 5 分钟，起锅盛在汤盆中，淋上香油即成。